Sitzungsberichte der
Akademie der Wissenschaften
der DDR
Mathematik – Naturwissenschaften – Technik

8N
1975

Wolfgang Schirmer

Die Entwicklung einer leistungsfähigen chemischen Technologie als wissenschaftliches Problem und gesellschaftliche Aufgabe

AKADEMIE-VERLAG · BERLIN

Sitzungsberichte der
Akademie der Wissenschaften der DDR
Mathematik — Naturwissenschaften — Technik

Jahrgang 1975 · Nr. 8/N

Wolfgang Schirmer

Die Entwicklung einer leistungsfähigen chemischen Technologie als wissenschaftliches Problem und gesellschaftliche Aufgabe

Vortrag und Diskussionsbeiträge

AKADEMIE-VERLAG · BERLIN
1975

Vortrag und Diskussionsbeiträge,
gehalten vor dem Plenum der
Akademie der Wissenschaften der DDR
am 7. November 1974

Herausgegeben im Auftrage des Präsidenten
der Akademie der Wissenschaften der DDR
von Vizepräsident Prof. Dr. Heinrich Scheel

Erschienen im Akademie-Verlag, 108 Berlin, Leipziger Str. 3—4

Lizenznummer: 202 · 100/279/75
Gesamtherstellung: VEB Druckhaus Köthen
Bestellnummer: 752 868 9 (2010/75/8/N) LSV 3635
Printed in GDR
EVP 4,–

Inhalt

Wolfgang Schirmer

1. Einleitung und Problemstellung

Die Technik ermöglicht es dem Menschen, Ergebnisse der naturwissenschaftlichen Grundlagenforschung in die gesellschaftliche Produktion zu überführen. Sie umfaßt daher alle Verfahrensweisen und Arbeitsmittel, die geeignet sind, diesen Vorgang zu realisieren. Mit Hilfe der Technik vollzieht der Mensch als Hauptproduktivkraft den „Stoffwechsel mit der Natur". Vor mehr als 100 Jahren erkannte KARL MARX, daß der wissenschaftliche Arbeitsprozeß immer mehr zu einem objektiv notwendigen Bestandteil der materiellen Produktion wird. Er schrieb: „Als Maschinerie erhält das Arbeitsmittel eine materielle Existenzweise. welche Ersetzung der Menschenkraft durch Naturkräfte und erfahrungsmäßige Routine durch bewußte Anwendung der Naturwissenschaft bedingt." [1]

Mit Hilfe der Technik gelingt es dem Menschen, die Wissenschaft als Produktivkraft zu nutzen — ein Prozeß, der in der Gegenwart eine immer größere Rolle spielt. Die Technik dringt in alle Bereiche des gesellschaftlichen Lebens ein, wobei die Wissenschaft in zunehmendem Maße in eine unmittelbare Produktivkraft umgewandelt wird. Sie ermöglicht es dem Menschen nicht nur, eine ständig bessere Befriedigung gesellschaftlicher Bedürfnisse zu erreichen, sie nimmt auch auf ihn selbst Einfluß, indem sie sein Bildungsniveau, seine Fähigkeiten und seine Stellung im Produktionsprozeß verändert. Die Technik beeinflußt also die Entwicklung der Produktivkräfte unmittelbar.

Naturwissenschaftliche Erkenntnisse und Gesetze gelten unabhängig von der Gesellschaftsordnung. Auch viele technische Lösungen lassen keine unmittelbare Beziehung zu den Produktionsverhältnissen erkennen. Erst wenn die gesellschaftlichen Ziele, der Umfang und das Tempo der Entwicklung der Technik in Betracht gezogen werden — und ohne diese Faktoren ist eine gesellschaftliche Produktion unmöglich —, ergibt sich auch eine Wechselwirkung zwischen Technik und Produktionsverhältnissen. Deshalb hat die Feststellung, daß in der Geschichte stets der Charakter der Gesellschaftsordnung das Ausschlaggebende für die Entwicklung ist, auch für die Technik große Bedeutung. Und daher gilt auch, wie unser Mitglied JÜRGEN KUCZYNSKI feststellte, „daß es die

Produktionsverhältnisse sind, die unserer Zeit und so auch der Wissenschaft und ihrer Entwicklung Charakter und Inhalt geben". [2]

Während die Technik im staatsmonopolistischen Kapitalismus dem Streben der Konzerne nach Maximalprofit dient, wird sie im Sozialismus im Interesse der Werktätigen genutzt. Lassen Sie mich das an einem konkreten Beispiel belegen:

Die Entwicklung der Energieversorgung fortgeschrittener kapitalistischer Länder, darunter auch die der Bundesrepublik Deutschland, stieg in den letzten 15—20 Jahren etwa um den Faktor 4 an und war mit einem tiefgreifenden Strukturwandel der eingesetzten Primärenergieträger verbunden. Im Jahre 1973 wurden 60—75% der Energie auf der Grundlage von Erdöl und Erdgas erzeugt, während traditionelle Primärenergieträger wie Kohle stark an Bedeutung verloren. Man sprach von einer „Energierevolution" durch flüssige Produkte. [3] Diese Entwicklung löste zahlreiche wissenschaftliche Arbeiten, darunter auch der Grundlagenforschung, und technische Initiativen beim Bau von Öl- und Erdgaskraftwerken aus. Da die Investitionskosten für die Energieversorgung auf Erdölbasis, bezogen auf die Erdölpreise des Jahres 1973, nur halb so groß wie auf Kohlebasis sind und die Betriebskosten solcher Kraftwerke ebenfalls nur 60% der mit Hilfe von Kohle hergestellten Energie ausmachen, entsprach diese Entwicklung völlig dem Streben nach Maximalprofit.

In der BRD muß aber das für die Energieversorgung benötigte Erdöl weitgehend importiert werden, so daß die Importabhängigkeit größer wurde. Gleichzeitig stiegen bei zum Teil sinkenden Rohstoffpreisen die Preise für industrielle Fertigprodukte über Jahre hinweg an. Als sich im Oktober 1973 die Erdölförderländer dieser Entwicklung bewußt wurden und von sich aus höhere Preise für den wertvollen Rohstoff Erdöl festlegten, ließen sie in den kapitalistischen Ländern die bis dahin latente Krise zum offenen Ausbruch kommen. Da diese Entwicklung außerdem noch mit manipulierten Preiserhöhungen für Erdölprodukte verbunden war, brachte sie zweifellos erhebliche Belastungen für die Bevölkerung dieser Länder mit sich.

Das Verhältnis der bekannten Erdölvorräte zu den Weltvorräten an Steinkohle beträgt etwa 1:10. [4] Eine einseitige Orientierung der Energiewirtschaft auf Erdöl muß also auf die Dauer gefährliche Folgen haben. Für eine verantwortungsbewußte langfristige Planung ist es erforderlich, die Energieversorgung vorwiegend auf Steinkohle und andere Kohlearten zu orientieren und das wertvolle Erdöl möglichst weitgehend für die chemische Veredlung einzusetzen.

Die technische Entwicklung und die Investitionspolitik der sozialistischen Länder hingegen orientierte sich nicht einseitig auf das Erdöl und das Erdgas, sondern auch auf eine Nutzung einheimischer Rohstoffe wie Braun- und Steinkohle, was in der technischen Entwicklung und in dem Anteil der Primärenergieträger bei der Energieversorgung zum Ausdruck kommt. Diese Entwicklung ist mit einem größeren volkswirtschaftlichen Aufwand verbunden. Das gilt vor allem für die Forschungsarbeiten, die für die Nutzung der Kernenergie betrieben werden. Das Projekt „schnelle Brüter", das für die Energieversorgung der nächsten Jahrzehnte größte Bedeutung erlangen wird, stützt sich heute zu einem großen Teil auf wissenschaftlichen Vorlauf, der vor allem in der UdSSR erarbeitet wird, während kapitalistische Länder zu der Erkenntnis gekommen sind, daß der wissenschaftliche Stand ihrer Forschungsarbeiten für eine baldige Realisierung des Projektes nicht ausreicht. [5] Die von den sozialistischen Ländern betriebene langfristige Entwicklung ist grundsätzlich frei von krisenhafter Abhängigkeit und garantiert eine auf die Dauer stabile Befriedigung gesellschaftlicher Bedürfnisse.

In der sozialistischen Gesellschaft entwickelt sich die Technik nach einem Plan und wird auch planmäßig in der Produktion wirksam. Die Beziehungen des Menschen zu den Produktionsmitteln verändern sich unter ihrem Einfluß, und auch die Organisation der Produktion, die Prozesse ihrer Leitung und Planung werden durch sie beeinflußt.

Der Begriff der Technik und vor allem der Inhalt ihrer wissenschaftlichen Grundlage, der Technologie, erfuhr im Laufe der Zeit eine Wandlung. Ursprünglich bedeutete die Technik die durch Erfahrung gewonnene individuelle Fähigkeit eines Menschen, einen Gegenstand auf bestimmte Weise herzustellen, also die „Kunst" zu beherrschen, Glas zu blasen, Stoffe zu weben oder Erze zu verarbeiten. Heute verstehen wir unter Technologie die Gesamtheit aller Voraussetzungen, Gesetzmäßigkeiten und Maßnahmen zur Anwendung und Überführung wissenschaftlicher Erkenntnisse in die gesellschaftliche Praxis. Heute hat die Technologie nicht nur eigene wissenschaftlich begründete Ziele, sie entwickelte auch theoretische Grundlagen und eigene Arbeitsmethoden. Sie ist selbst zu einer Wissenschaft geworden. Allerdings hat diese wissenschaftliche Entwicklung erst vor wenigen Jahrzehnten begonnen. Gelegentlich wird der Begriff „Technologie" auch mit dem Produktionsprozeß für eine bestimmte Ware gleichsetzt, was zu Mißverständnissen führen kann "Technologie des Benzols, Technologie der Produktion von Halbleiterelementen"). In diesem Sinne werde ich den Begriff „Technologie" nicht verwenden, sondern dafür stets den Ausdruck „Produktionsverfahren" gebrauchen.

Der hohe Komplexitätsgrad technologischer Probleme macht es auch heute erforderlich, daß für die Lösung vieler Fragen empirische Erkenntnisse und Methoden eingesetzt werden, wie dies übrigens auch bei anderen Wissenschaftsdisziplinen der Fall ist. Die Lösung technologischer Aufgaben erfordert in unserer Volkswirtschaft die Mitarbeit von Millionen Arbeitern, von Aktivisten und Neuerern, die mit ihrem großen Erfahrungswisssen und ihrer in langjähriger Praxis erworbenen Meisterschaft einen wesentlichen, ja oft den entscheidenden Beitrag zur Lösung technologischer Probleme leisten.

Gerade auf technischem Gebiet kommen wesentliche Elemente der führenden Rolle der Arbeiterklasse in unserer Gesellschaft zum Ausdruck. Diese Tatsache muß mit der Forderung, die Technologie als Wissenschaft zu betreiben, immer enger und immer effektiver verknüpft werden. Indem die Arbeiterklasse selbst wissenschaftliche Kenntnisse erwirbt und sie im Produktionsprozeß anwendet, realisiert sie einen wesentlichen Teil ihrer gesellschaftlichen Funktion in unserm Staat.

Die Technologie, über die ich heute hier sprechen möchte, unterscheidet sich also grundsätzlich von der Technologie des 19. Jahrhunderts. Da gerade im deutschen Sprachgebrauch der beschreibende Charakter technologischer Zusammenhänge große Bedeutung hatte, entstand oft Verwirrung bei der richtigen Definition des Begriffs „Technologie", eine Verwirrung, deren Auswirkungen bis in die Gegenwart zu spüren sind. Hier sei der Begriff „Technologie" stets als der einer spezifischen Wissenschaft gebraucht.

Für den gesellschaftlichen Reproduktionsprozeß ist die Kette „Wissenschaft — Technik — Produktion" von größter Bedeutung. Diesen Prozeß bezeichnen wir heute als „Überführung" [6] und sehen es als eine unserer wichtigsten Aufgaben an, ihn politisch, wissenschaftlich, ökonomisch und organisatorisch zu beherrschen. Von der Geschwindigkeit, mit der die Probleme der Überführung gelöst werden, von der Effektivität der dabei zu treffenden Maßnahmen hängt es ab, in welchem Umfang wir die Grundfragen der wissenschaftlich-technischen Entwicklung beherrschen und die Produktivkräfte selbst zu entwickeln vermögen. Da hierbei die Wissenschaft als unmittelbare Produktivkraft großen Einfluß ausübt, ist es auch eine wesentliche Aufgabe unserer Akademie, nicht nur ständig neue wissenschaftliche Erkenntnisse zu schaffen, also für wissenschaftlichen Vorlauf zu sorgen, sondern gleichzeitig auch Maßnahmen einzuleiten, durch die neue wissenschaftliche Ergebnisse möglichst umfassend in der Gesellschaft genutzt werden können. Wir haben ständig zu prüfen, welchen Beitrag zur Lösung von Überführungsaufgaben wir leisten, in welchem Umfang wir „technologische Anschlußstücke" schaffen können.

In der sozialistischen Gesellschaft tritt die Grundlagenforschung aus der früher vorhandenen Abkapselung heraus und wirkt auf die gesellschaftliche Entwicklung ein. Daß sie dabei in enger Rückkopplung mit der gesellschaftlichen Praxis zahlreiche neue Impulse für die Bearbeitung wissenschaftlicher Probleme empfängt, ist eine durch unsere Arbeit längst bewiesene Erfahrung.

2. *Die Bedeutung der Chemie und der chemischen Industrie für die Volkswirtschaft der DDR*

Die Chemie hat maßgebenden Anteil an der Lösung umfassender gesellschaftlicher Aufgaben und der Befriedigung gesellschaftlicher Bedürfnisse. So bildet sie die wissenschaftliche Grundlage für die Herstellung zahlreicher neuer Werkstoffe, wodurch sie großen Einfluß auf alle Zweige unserer Volkswirtschaft ausübt. Die Abb. 1 zeigt die geschätzte Entwicklung der Weltproduktion von Plasten bis zum Jahre 1980 im Vergleich zu metallischen Werkstoffen und zu Zement. [7]

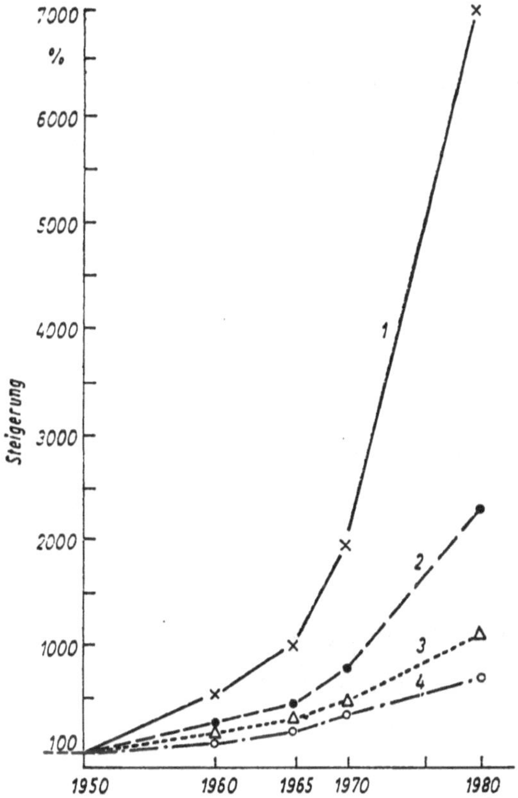

Steigerung der Weltproduktion wichtiger Werkstoffe
(1 Plaste, 2 Aluminium, 3 Zement, 4 Roheisen)

Abb. 1

Die Chemie trägt dazu bei, unseren Bedarf an Textilien in immer stärkerem Maße durch Fasern aus der Retorte zu decken. Im nächsten Jahrzehnt wird der Anteil an Synthesefasern den Umfang der Naturfasern Wolle, Baumwolle und Seide überflügeln. Auch für den Wohnungsbau gewinnt die Chemie ständig an Bedeutung. Bei einer modernen Neubauwohnung macht der Anteil synthetischer Werkstoffe etwa 15% des Gesamtwerkstoffeinsatzes aus. Der Ausbau der

Innenräume und der sanitären Anlagen, die elektrische Installation und der Schutz der Gebäude vor Kälte und Korrosion hängen zu einem wesentlichen Teil vom Einsatz chemisch gewonnener Produkte ab. Abb. 2 gibt einen Überblick über einige für die Volkswirtschaft der USA im Jahre 1970 charakteristische Daten. [8]

Substitution von Werkstoffen durch Plaste in den USA 1970

	Mio t	%	Plaste
Gußeisen und Stahl	4,45	5	0,544
Al, Cu, Zn, Messing	1,00	18	0,20
Papier	1,23	4	1,20
Glas	1,95	26	0,78

Plasteeinsatz in den USA in Mio t

	1970	1975
im Bauwesen	1,9	3,4
in der Möbelindustrie	0,4	0,9
in der sonstigen Leichtindustrie und Verpackung	1,0	2,9

USA 1975

Plaste in der Möbelindustrie und Verpackung:	31%
Plaste im Bauwesen:	28%
Plastproduktion, insgesamt:	12,8 Mio t

Abb. 2

Selbst vor den Nahrungsmitteln, an denen wir doch recht konservativ festhalten, macht die Chemie nicht halt. Zwar sind die Wurst oder das Schnitzel heute noch nicht durch Synthese gewonnen, aber durch gezielte chemische Veränderungen erfährt unsere Nahrung eine günstigere Zusammensetzung und gewinnt dabei für Gesunde und Kranke an Bedeutung. Auch über die pharmazeutische Industrie dient die Chemie der Gesundheit. Unser stark gewachsenes Informationsbedürfnis wird durch chemische Erzeugnisse der fotografischen Industrie, der Magnetbandproduktion und der Wiedergabetechnik befriedigt. Als Wissenschaft dringt die Chemie in immer stärkerem Maße in alle Zweige unserer Volkswirtschaft ein, so daß wir seit Jahren den Ausdruck „Chemisierung der Volkswirtschaft“ in Analogie zu dem vor 50 Jahren von W. I. Lenin geprägten Begriff der Elektrifizierung der Volkswirtschaft verwenden.

Wir verstehen unter der Chemisierung der Volkswirtschaft nicht nur das Eindringen chemisch veredelter Rohstoffe und synthetischer Fertigprodukte in fast alle Zweige unserer Volkswirtschaft, sondern auch die immer stärkere Anwendung chemischer Produktionsverfahren. Das gilt nicht nur für die chemische Veredlung von Primärenergieträgern durch Raffination, Isomerisierung und hydrierende Spaltung von Kohlenwasserstoffen, das gilt in gleichem Maße auch für den Einsatz chemischer Methoden bei der Aufbereitung mineralischer Rohstoffe oder für die steigende Bedeutung, die chemische Verfahren für die Textilindustrie besitzen. Der für unsere Volkswirtschaft so bedeutungsvolle Korrosionsschutz basiert auf chemischen Prinzipien. Für die Konservierung von Lebensmitteln werden weitgehend chemische Verfahren eingesetzt. Unsere Landwirtschaft wird in immer stärkerem Maße von der Chemie abhängig. Mineralische Düngemittel, Schädlingsbekämpfungsmittel und Herbizide, Pflanzenwuchsstoffe und Zusätze zur Tierernährung sind weit verbreitet. Die Chemie erhöht die Bodenfruchtbarkeit; sie erleichtert die Arbeit in der Landwirtschaft und steigert damit die Produktivität der Genossenschaftsbauern. So trägt die Chemie, natürlich gemeinsam mit anderen Wissenschaften wie der Biologie, dazu bei, unsere sozialistische Landwirtschaft in einen Produktionszweig von Industriecharakter umzuwandeln.

Die massenhafte Anwendung chemischer Produkte und Verfahren wird durch die Struktur und die Leitungs- und Planungsprinzipien unserer sozialistischen Volkswirtschaft gefördert. Damit erfüllen wir die Forderung des VIII. Parteitages der SED, „die Errungenschaften der wissenschaftlich-technischen Revolution organisch mit den Vorzügen des sozialistischen Wirtschaftens zu verbinden“. [9]

3. Die volkswirtschaftliche Bedeutung und die Aufgaben der chemischen Technologie

Unter der Chemie verstehen wir die Naturwissenschaft, die sich mit der Umwandlung der Stoffe und ihrer Charakterisierung befaßt. Die Ergebnisse der chemischen Forschung bilden nicht nur die wissenschaftliche Grundlage für die chemische Industrie, sondern gleichzeitig auch für solche Industriezweige, die ebenfalls Stoffwandlung betreiben wie die Metallurgie, die Glas-, Keramik- und die Baustoffindustrie sowie Teile der Leicht- und der Lebensmittelindustrie. In diesem allgemeineren Sinne sei in Zukunft der Begriff „chemische Industrie“ verwandt.

Dieser komplexe Prozeß der Überführung hängt vor allem von der Dynamik der wissenschaftlichen Entwicklung ab. Für den Forschungsprozeß ist ebenso ein bestimmter Zeitaufwand erforderlich wie für die Überführung selbst. Wissenschaftliche Ergebnisse bringen nur dann für die Gesellschaft den gewünschten großen Nutzen, wenn sie zum richtigen Zeitpunkt eingeführt werden. Der sogenannte „moralische Verschleiß" hat besonders in der chemischen Industrie große Bedeutung. Da es in der weltweiten Auseinandersetzung zwischen Sozialismus und Kapitalismus auf einen möglichst großen Zeitgewinn ankommt, hat die Beherrschung des Überführungsprozesses auch größte politische Bedeutung.

Die Ausarbeitung effektiver technologischer Lösungen ist zur Zeit für die chemische Industrie das wichtigste Kettenglied in dieser Entwicklung. Deswegen fordert der VIII. Parteitag der SED, „neue und weiterentwickelte Technologien und Verfahren in die Produktion einzuführen".

Die chemische Technologie sei hier nach einer Formulierung des Mitgliedes der Akademie der Wissenschaften der UdSSR, unseres Auswärtigen Mitgliedes, N. M. Shavoronkov definiert als „die Wissenschaft von der Gesamtheit der produktionsbezogenen physikalischen, chemischen und gesellschaftlichen Prozesse sowie der Optimierung der Methoden, ihrer Realisierung, Kopplung und Steuerung bei der industriellen Produktion unter besonderer Berücksichtigung ihrer ökonomischen Effektivität". [10]

Sicherlich ist diese Definition noch nicht völlig ausgereift, aber darauf soll es hier nicht ankommen. Wesentlich ist, zum Ausdruck zu bringen, daß in der Technik stets drei Faktoren zusammentreffen müssen: Naturwissenschaft, Technik und Ökonomie.

Für ein Land wie unsere Republik, das sich durch eine hochentwickelte Stoffwirtschaft auszeichnet, das auf eine intensive Nutzung aller seiner Rohstoffe bedacht sein muß und das wesentliche Maßnahmen zur Umgestaltung der Landwirtschaft durchführt, wird die Bedeutung der chemischen Technologie auch in Zukunft weiterhin wachsen.

Betrachten wir vom Standpunkt umfassender gesellschaftlicher Zusammenhänge die Aufgaben der chemischen Technologie, so bestehen sie darin, Beiträge zu leisten für:

1. die Entwicklung von Verfahren für eine komplexe Nutzung von Rohstoffen, darunter besonders der einheimischen Produkte.

Das Wort „komplex" möge bitte nicht mit totaler Nutzung verwechselt werden. Es soll unser Bestreben sein, möglichst viele Komponenten der Rohstoffe unter Berücksichtigung ökonomischer Kriterien wirksam zu nutzen. Was unter diesem Aspekt der Begriff „komplexe Nutzung“ bedeutet, läßt sich aus der Abb. 3 erkennen.

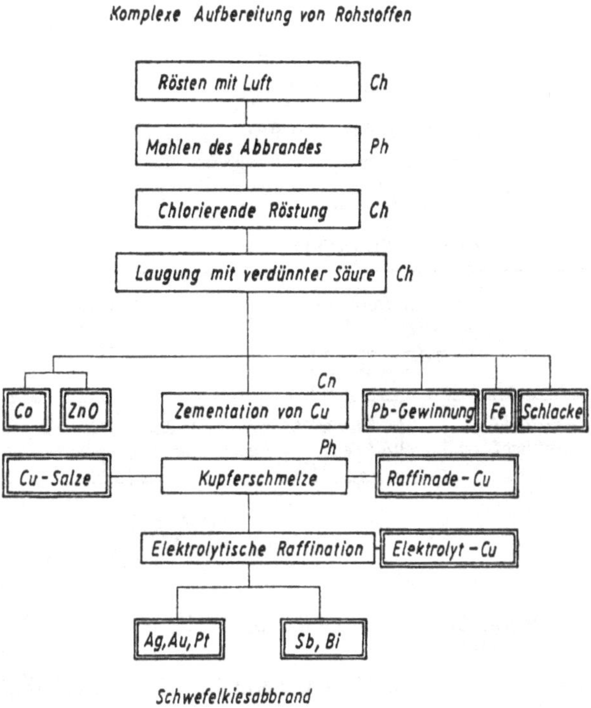

Abb. 3

Es gelingt, den Mansfelder Kupferschiefer durch wissenschaftlich begründete Kombination mechanischer und chemischer Verfahrensstufen so aufzubereiten, daß wir nicht nur einen Werkstoff, das Kupfer, erhalten, sondern gleichzeitig eine ganze Palette weiterer Metalle und wertvoller Begleitstoffe gewinnen. Das Ziel der technologischen Arbeit besteht darin, die vorhandenen Rohstoffe möglichst umfassend der Volkswirtschaft zuzuführen, was nicht nur zusätzliche technologische Forschungsarbeiten erforderlich macht — nein, auch die geologische Erkundung, die chemische Grundlagenforschung und die Forschung auf dem Gebiet der Applikation der Endprodukte müssen ihren Beitrag hierzu leisten.

Als zweites Beispiel für die komplexe Nutzung sei das von einem Kollektiv des Forschungsinstitutes für Aufbereitung entwickelte Verfahren zur Nutzung des Kahlaer Feldspats genannt. [11]

Komplexe Aufbereitung von Feldspatsand
(Vorkommen Kahla)
nach D. Uhlig und G. Schulz (vereinfacht)

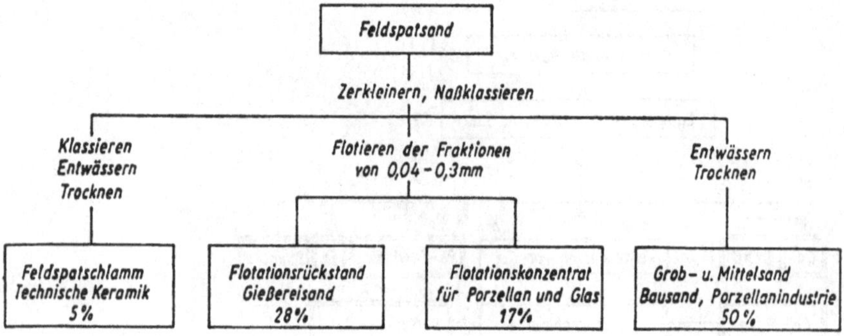

Abb. 4

2. die Verarbeitung von Sekundärrohstoffen und für die Schaffung geschlossener Stoffkreisläufe.

Noch vor nicht allzu langer Zeit wurde in der kapitalistischen Gesellschaft unter dem Aspekt der Konsumsteigerung der Gedanke einer „Wegwerf-Technologie" propagiert. Das Produkt sollte so beschaffen sein, daß es nach seiner Verwendung reif zum Wegwerfen ist. Heute können sich auch entwickelte Industrieländer eine solche Haltung zu Rohstoffen und Fertigprodukten nicht mehr leisten. Heute wird weltweit anerkannt, was sozialistische Länder seit langem vertreten, daß es erforderlich ist, solche Sekundärrohstoffe wieder aufzuarbeiten. Das setzt aber voraus, daß neue Verfahren zum Sortieren von Haushaltsmüll, zur Aufbereitung der als sehr unterschiedliches Stoffgemisch vorliegenden Produkte für die Wiederverarbeitung entwickelt werden.

Unser Ziel ist es, möglichst alle Rohstoffe so zu verarbeiten, daß sie der Wiederverwendung zugeführt werden können. Typisch ist hierfür die Tatsache, daß heute etwa 70% der Stahlerzeugung der Welt aus Schrott gewonnen werden. 60% des Kupferbedarfs der DDR werden aus Altkupfer gedeckt. Geringere Bedeutung hatte bisher die Schaffung solcher Kreisläufe für organische Produkte. Die Abb. 5 zeigt den Stoffkreislauf für die Aufbereitung von Altgummi. [12] [13]

Geschlossener stoffwirtschaftlicher Kreislauf

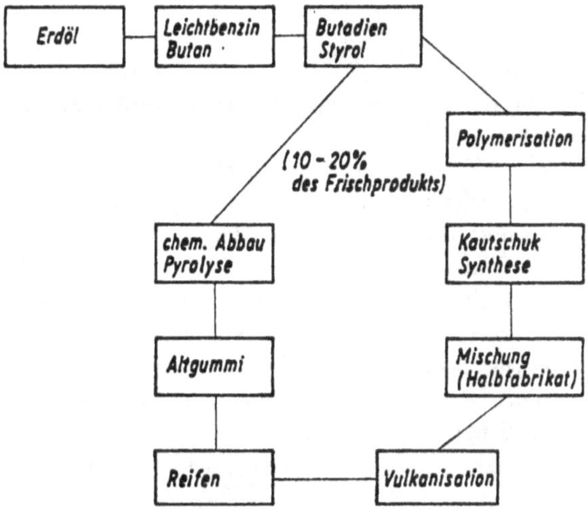

In diesem Kreislauf werden in der DDR ungefähr 25% der Gesamtmenge erfaßt.

Abb. 5

Da Wasser zu einem immer wertvolleren Rohstoff wird, ist der Einsatz geschlossener Wasserkreisläufe von volkswirtschaftlicher Bedeutung. Mit der Lösung aller dieser Aufgaben sind umfangreiche technologische Probleme verbunden:

3. Eine bessere Beherrschung von Problemen des Umweltschutzes.

1972 wurden 150 Mio t SO_2 in die Atmosphäre abgegeben; darunter 93% auf der nördlichen Hälfte der Erde. [14] Industrie und Haushalte deponieren im Jahr rund 500 Mio t Abfallstoffe, die vor allem das Oberflächenwasser gefährden. Die natürlichen Kreisläufe der Natur, das in ihnen herrschende Gleichgewicht und das damit verbundene Prinzip der biologischen Selbstreinigung werden empfindlich gestört. Die Gefahr, daß diese Störungen zu irreversiblen Schäden führen, hat bedrohliches Ausmaß angenommen. Die Ursachen werden zu einem großen Teil auf technologisch ungenügend durchgearbeitete Produktionsverfahren zurückgeführt. Das Ziel besteht heute darin, die Entstehung von nichtverwertbaren Abprodukten zu vermeiden und Verfahren zu entwickeln, die keine Abwärme liefern. Solange dies noch nicht der Fall ist, müssen in verstärktem Maße technische Trennprozesse eingeführt werden, die die Schadstoffe in geeigneter Weise zurückhalten. Dazu eignen sich vor allem die Flüssigphasenextraktion, Sorptionsverfahren, die Flotation und der selektive Ionenaustausch.

4. Neue Lösungen zum komplexen stoff- und energiewirtschaftlichen Einsatz von Kohlenstoffträgern aller Art.

Bekanntlich erfüllt das Element Kohlenstoff eine doppelte Funktion: Es ist heute und in absehbarer Zeit der wichtigste Primärenergieträger und gewinnt ständig an Bedeutung als Rohstoff für die Synthese organischer Produkte. Diesen Aspekten muß auch die Technologie gerecht werden. Heute wird der fossile Kohlenstoff zu über 90% verbrannt. Die chemische Synthese verbraucht noch weniger als 10%. Da die Verbrennung weitgehend irreversibel ist, werden kommende Generationen sicherlich unseren heutigen Raubbau an diesem wertvollen Rohstoff scharf kritisieren. Die chemische Technologie muß also unter Berücksichtigung volkswirtschaftlicher Kriterien prüfen, in welchem Umfang die vorhandenen Vorräte an Erdgas, Erdöl, Kohle oder Ölschiefer richtig eingesetzt werden können.

So wird zum Beispiel der Kohlenstoff bei der Herstellung von Synthesegas für die Ammoniak-Produktion sowohl für die endotherme Reaktion der Wasserstoffbildung nach

$$CH_4 + H_2O \quad CO + 3\,H_2; \qquad \Delta H = 48{,}3\ \text{Kcal/Mol}$$

als auch zur Deckung des Energiebedarfs nach

$$CH_4 + 2\,O_2 \rightarrow CO_2 + 2\,H_2O; \qquad \Delta H = -192{,}3\ \text{Kcal/Mol}$$

eingesetzt. Bei diesem Verfahren wird der Kohlenstoff zu 65% stoff- und zu 35% energiewirtschaftlich genutzt.

5. Verfahren zur Herstellung synthetischer Werkstoffe, die die ständig wachsenden Anforderungen an Werkstoffe mit neuen spezifischen Eigenschaften erfüllen und gleichzeitig zur Entlastung des wachsenden Bedarfs an Metallen beitragen.

Die Substitution Metall gegen Plast- oder silikatischen Werkstoff ist ein durch die Technologie zu beherrschender volkswirtschaftlicher Vorgang. Er erstreckt sich von der Aufbereitung der Rohstoffe bis zum spezifischen Einsatz in der Volkswirtschaft. Dieser Prozeß befindet sich zur Zeit noch im Anfangsstadium. Für ihn sind weder die technologischen, noch die anwendungstechnischen, noch die volkswirtschaftlichen Voraussetzungen geschaffen. Die chemische Technologie muß durch rationelle Verfahren zur Gewinnung von Monomeren und Polymeren mit neuen Eigenschaften, durch Beiträge zu ihrer besseren Verarbeitung sowie zur Herstellung von Verbunden aller Art neue Erkenntnisse liefern.

6. Die Schaffung der technologischen Grundlagen der technischen Mikrobiologie.

In den letzten beiden Jahrzehnten unseres Jahrhunderts werden spezifische biochemische Produktionsprozesse immer größeren Einfluß auf die Stoffwirtschaft gewinnen. Das gilt nicht nur für die Versorgung mit Eiweiß oder mit biologischen Wirkstoffen aller Art — nein, auch für die Produktion organischer Zwischenprodukte wie Zitronensäure, Milchsäure u. a. werden mikrobielle Verfahren herkömmliche Synthesen ablösen. Die spezifischen Arbeitsbedingungen und die technologischen Zusammenhänge hierfür bedürfen einer verstärkten wissenschaftlichen Bearbeitung.

Aus allen diesen Faktoren folgt, daß die chemische Technologie für unsere Volkswirtschaft ständig wachsende Bedeutung gewinnt, so daß die hierfür zur Verfügung stehende Forschungskapazität auch in der Grundlagenforschung durch intensive und extensive Maßnahmen erweitert werden muß.

4. Die wissenschaftlichen Grundlagen der chemischen Technologie

Für die stoffwandelnde Industrie sind vielstufige, aufeinander abgestimmte und oft zu Kreisläufen verbundene Produktionsverfahren charakteristisch. Als ein Beispiel sei hier das Hochdruckverfahren zur Gewinnung von Ammoniak aus den Elementen genannt.

Aufbereitungsstufen vorwiegend physikalischen Charakters sind eng mit Verfahrensschritten gekoppelt, in denen chemische Reaktionen ablaufen. Oft liegen Transportvorgänge und chemische Umsetzung gleichzeitig in einem Aggregat vor. Das Ziel, den energetischen Wirkungsgrad der Verfahrensstufen zu verbessern, führt dazu, an vielen Stellen des Verfahrens Energieaustauscher einzubauen, zugeführte Rohstoffe auf Reaktionstemperatur zu erwärmen und Reaktionsenergie vielseitig zu nutzen. Durch die Kopplung von Stoff- und Energieströmen entsteht eine starke Abhängigkeit der einzelnen Verfahrensstufen voneinander, so daß ein solches Produktionsverfahren nicht mehr als die Summe der einzelnen Teilschritte angesehen werden kann. Da es erforderlich ist, das Endprodukt auch vom Stand der Volkswirtschaft aus gesehen unter optimalen Bedingungen herzustellen, müssen die Teilschritte des Verfahrens so aufeinander abgestimmt sein, daß das Produktionsergebnis mit einem minimalen Aufwand an Rohstoffen, Energie, Arbeitskräften und Investitionen gewonnen werden kann. Man muß also ein chemisches Verfahren als System betrachten und der Struktur dieses Systems sowie den auftretenden Korrelationen größte Aufmerksamkeit schenken.

Ein chemisches Verfahren benötigt nicht nur wissenschaftliche Erkenntnisse aus den verschiedenen Teildisziplinen der Chemie, sondern erfordert auch Ergebnisse anderer naturwissenschaftlicher Disziplinen, der technischen Grundlagenforschung und der Gesellschaftswissenschaften, wobei hier der Ökonomie die größte Bedeutung zukommt.

Die Abb. 6 gibt die Verflechtungsbeziehungen zwischen der chemischen Technologie und anderen Wissenschaften wieder. In der oberen Reihe dieses Schemas sind Naturwissenschaften dargestellt, während die untere Reihe Disziplinen der technischen Grundlagenforschung umfaßt. Die Mathematik, die für die Erkennung funktionaler Zusammenhänge und die Erfassung quantitativer Beziehungen völlig unentbehrlich ist, und die Ökonomie, die wichtige Faktoren der volkswirtschaftlichen und gesellschaftlichen Bedeutung des Verfahrens zum Ausdruck bringt, sind in der Darstellung ebenfalls aufgenommen worden.

Gliederung der chemischen Technologie (vereinfacht)

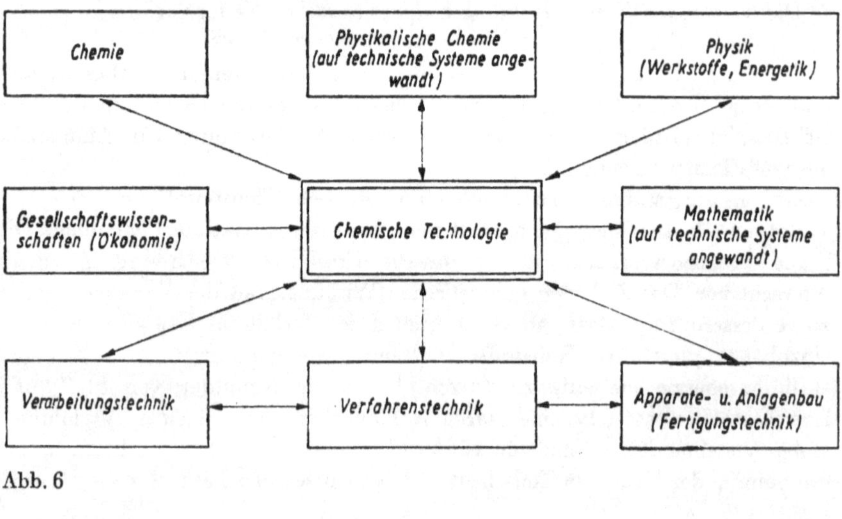

Abb. 6

Da die chemische Technologie selbst eine Wissenschaft von höchst komplexem Charakter ist, trägt sie wesentlich dazu bei, die Integration der Wissenschaften zu fördern. Sie zielt auf die Ausarbeitung von optimalen Lösungen für Stoffwandlungsprozesse in großtechnischem Maßstab unter besonderer Berücksichtigung von gesellschaftlichen Faktoren ab. Alle ihre Arbeiten müssen sich dem Ziel unterordnen, Forschungsergebnisse, die im Labormaßstab gefunden wurden, in den technischen Maßstab zu übertragen. Hierfür wurden eigene Methoden der Maßstabsübertragung, z. B. mit Hilfe von dimensionslosen Kennziffern und der Dimensionsanalyse, entwickelt.

Die chemische Technologie entwickelte eigene Methoden zur wissenschaftlichen Beherrschung des hohen Komplexitätsgrades ihres Gebietes. Vom Standpunkt der Thermodynamik aus gesehen handelt es sich bei ihr vorwiegend um offene Systeme. Sie arbeitet, obwohl sie die Gleichgewichtsthermodynamik verwendet, meist unter Bedingungen, die vom chemischen Gleichgewicht recht weit entfernt sind. In neuerer Zeit spielen Fragen der Thermodynamik irreversibler Prozesse eine wachsende Rolle. Die Probleme der Raktionskinetik sind oft eng mit Transportvorgängen verknüpft. Die Wechselwirkung zwischen Stoff und Reaktor, zwischen Apparat und Prozeß machte die Entwicklung eigener Methoden erforderlich. Für alle diese Aufgaben mußten spezifische mathematische Lösungen gefunden werden.

In den vergangenen Jahren baute die chemische Technologie vorwiegend auf der Untersuchung makroskopischer Zusammenhänge auf, die mit Hilfe von thermodynamischen und kinetischen Methoden gefunden wurden. Auf diesem Gebiet verfügen wir heute über umfangreiches experimentelles Material und über ein nicht unbeträchtliches Wissen. Aber dieses Vorgehen stellt nur eine Komponente der technologischen Forschung dar, die für eine wissenschaftliche Vertiefung des Gebietes nicht ausreicht. Heute muß sich die technologische Forschung sowohl den Elementarvorgängen und den Mikroprozessen zuwenden, also in molekulare Dimensionen „hinabsteigen“, als auch gleichzeitig Systemzusammenhänge in technischen Verfahren mit Hilfe der Systemtheorie und der Kybernetik bearbeiten. In Abb. 7 sind diese drei Stufen des technologischen Prozesses wiedergegeben. Stoffwandlungssysteme werden nach Funktion und Struktur gegliedert, wobei die Struktur durch bestimmte technische Einrichtungen realisiert wird. Es werden charakteristische Beispiele für die jeweiligen Forschungsgebiete angeführt. [15] Von den Elementarvorgängen bis zu den Systemzusammenhängen ergibt sich eine Hierarchie, in die sich alle technologischen Aufgaben einfügen lasesn.

Deshalb hat für chemische Verfahren die Modellierung große technische Bedeutung. Unter einem Modell wollen wir hier ein System von Beziehungen verstehen, das wesentliche Eigenschaften des technischen Systems vereinfacht

Gliederung von Stoffwandlungssystemen nach Struktur und Funktion
(nach G. Gruhn, Merseburg, vereinfacht)

Funktion (Stoffwandlungsprozeß)	Beispiele	Struktur (technische Einrichtung)
Verfahren	Gewinnung von Benzol aus Erdölfraktionen	Anlage
Verfahrensstufe	mehrstufige Flüssigphasenextraktion	Teilanlage
technischer Makroprozeß	Filtration von Feststoffen	Grundausrüstung
technischer Mikroprozeß	Umsetzung am Katalysatorkorn	Volumenelement
Elementarprozeß	reaktiver Stoß des Teilchens	reagierende Teilchen

Abb. 7

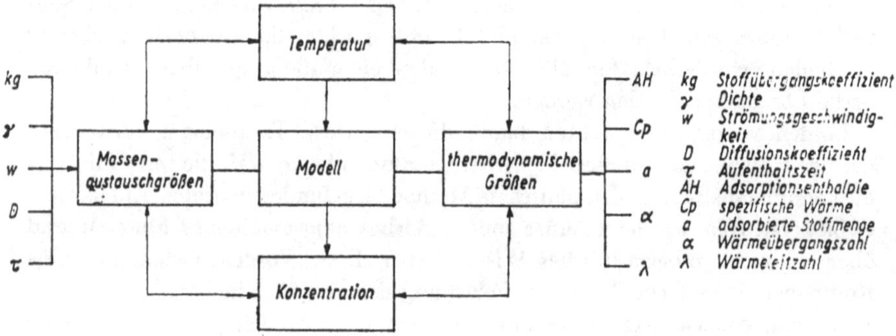

Abb. 8

wiedergibt — so, daß die wichtigsten funktionellen Relationen deutlich sichtbar werden. Alle Modelle werden in Form mathematischer Zusammenhänge ausgedrückt. Am Beispiel des von uns am Zentralinstitut für physikalische Chemie entwickelten Modells für das Parexverfahren, in dem eine langjährige Zusammenarbeit mit dem Zentralinstitut für Mathematik und Mechanik zum Ausdruck kommt, sei die Bedeutung dieser Arbeiten dargestellt. [16] Es handelt sich hierbei um die Adsorption gasförmiger Kohlenwasserstoffe an einer mikroporösen Festkörperoberfläche und um ihre Desorption, also um verhältnismäßig leicht überschaubare Verfahrensschritte. Bereits hierbei sind zehn verschiedene Einflußgrößen zu berücksichtigen. Das von uns entwickelte vereinfachte Modell schränkt die Zahl der berücksichtigten Parameter noch stärker auf die wichtigsten Faktoren ein. Wir verwenden gegenwärtig dieses Modell, um für das Leuna-Werk konkrete Anwendungsbedingungen durchzurechnen, die die Grundlage für Exportangebote des Verfahrens bilden. Der für verschiedene Rechnungen benötigte Rechenaufwand beläuft sich in diesem Jahr auf mehrere hunderttausend Mark, wobei allerdings ein geschätzter Nutzen von mehreren Millionen Mark, also im Verhältnis Aufwand zu Nutzen von 1 : 10, erzielt wurde.

Mit Hilfe solcher Modelle kann man schließlich ein chemisches Verfahren nicht nur optimal gestalten, sondern auch automatisieren, wobei als höchstes Ziel der Automatisierung der Einsatz eines Prozeßrechners gelten muß, mit dessen Hilfe es möglich ist, die für alle möglichen Betriebszustände erforderlichen Parameter möglichst trägheitsfrei zu ermitteln und einzustellen.

Natürlich ist auch der Einsatz von Prozeßrechnern von ökonomischen Kriterien abhängig. Prozeßrechner bewähren sich vor allem in Massenproduktionsverfahren von kontinuierlicher Fahrweise, in denen die Betriebszustände verhältnismäßig leicht über einen gewissen Wertbereich streuen können und bei denen die Regelgrößen mit möglichst einfachen Prinzipien verändert werden können. Der Einsatz eines Prozeßrechners setzt eine sehr gute Kenntnis der dem Gesamtverfahren zugrunde liegenden Elementarvorgänge voraus. Wo dies bisher nicht gegeben war, erwies sich der Einsatz solcher Rechner als Fehlschlag.

Schließlich sind auch Automatisierung und Rechnereinsatz von den erforderlichen analytischen Hilfsmitteln abhängig, wobei diese so gestaltet werden müssen, daß sie den rauhen Bedingungen des technischen Betriebes gewachsen sind.

Die enge Verbindung der Forschung auf dem Gebiet der physikalischen Analysenverfahren mit den technologischen Problemen ist von großer Bedeutung.

Der Beitrag, den die naturwissenschaftliche Forschung zur Entwicklung eines chemischen Verfahrens leistet, zeigt sich vor allem auch bei der Rationalisierung bestehender Prozesse. Ich erwähne hier als Beispiel für eine langjährige Rationalisierung die Entwicklung der Ammoniaksynthese. Bereits 1910 als vielstufiger Prozeß konzipiert, hat dieses Verfahren bis heute keine wesentliche Strukturänderung erfahren, wohl aber sind umfassende Rationalisierungsmaßnahmen wirksam geworden. Obwohl der Gesamtprozeß im Prinzip heute der gleiche wie vor sechs Jahrzehnten ist, stieg die Produktivität dieses Verfahrens auf das 25fache an. Die Raum-Zeit-Ausbeute der Hochdruckreaktoren erhöhte sich auf das 10- bis 15fache. Heute werden nach diesem Verfahren nahezu 50 Mio t Stickstoff/Jahr in Form von NH_3 in der Welt gewonnen. Die wissenschaftliche Durchdringung des Verfahrens äußerte sich z. B. in folgenden Rationalisierungsmaßnahmen:

1. Grundlagen für die Vergasung unter Druck,
2. Reduzierung der Temperatur für die Wasser/Gas-Konvertierung durch Einsatz neuer Katalysatoren,
3. Einführung neuer Entschwefelungsverfahren,
4. Einführung der Turbokompressoren,
5. konsequente Beachtung des Prinzips der Feinreinigung des Synthesegases,
6. Vervollkommnung des Ammoniakkatalysators,
7. veränderte Stoff- und Wärmeführung im Hochdruckreaktor. [17, 18]

Bei der Entwicklung von chemischen Produktionsverfahren sind zahlreiche wissenschaftliche, technische und volkswirtschaftliche Verflechtungsbeziehungen zu berücksichtigen. Mit Hilfe von Abb. 9 wird der Versuch unternommen, diese komplexe Verflechtung darzustellen. Während auf der linken Seite der Abbildung Disziplinen der wissenschaftlichen und technischen Grundlagenforschung aufgeführt sind, werden in der Mitte der Abbildung alle jene Komplexe ge-

Entwicklung eines mehrstufigen chemischen Verfahrens

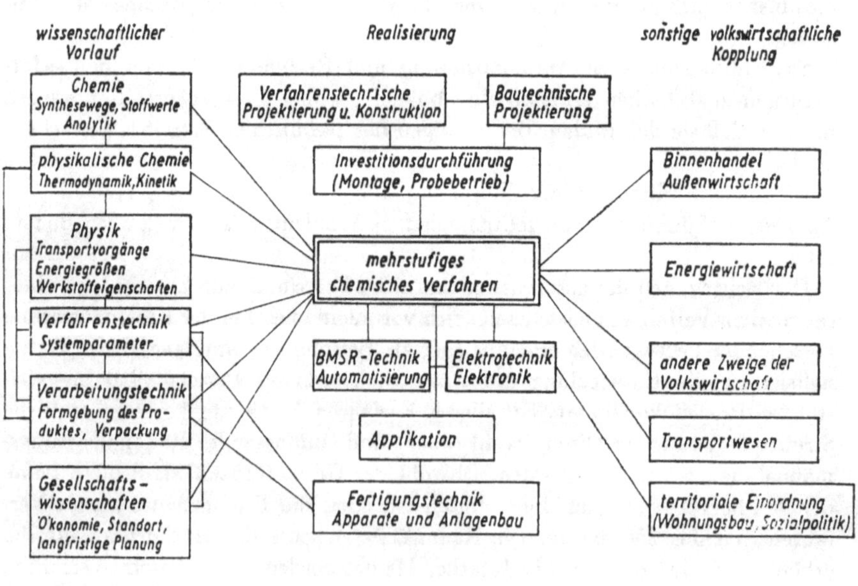

Abb. 9

nannt, die für die Realisierung der vorgesehenen technischen Maßnahmen Bedeutung haben. Auf der rechten Seite des Schemas sind gesellschaftliche Gebiete angegeben, die in unmittelbarer oder mittelbarer Beziehung zum Produktionsverfahren stehen. Die Beziehungen zwischen diesen Größen wirken stets im Sinne einer Rückkopplung. Dieses Schema vermag quantitative Beziehungen nicht wiederzugeben. Die Realisierung erfordert um mindestens eine Zehnerpotenz größere Kapazitäten als der wissenschaftliche Vorlauf. Die Einführung von chemischen Produktionsprozessen in unsere Volkswirtschaft setzt also eine gut funktionierende Kooperation zwischen zahlreichen Partnern voraus. Das führt auch zu weitreichenden Schlußfolgerungen für die Grundlagenforschung unserer Akademie und der Einrichtungen des Ministeriums für Hoch- und Fachschulwesen. In den Hauptforschungsrichtungen des Programms Chemie werden diese Verflechtungsbeziehungen berücksichtigt. Sie finden auch in anderen Programmen unserer Akademie und des Hochschulwesens sowie in den Forschungsprogrammen der Industrie ihren Niederschlag.

Die chemische Technologie faßt die Aufgaben vieler Wissenschaftsgebiete unter einer einheitlichen Problemstellung von großer volkswirtschaftlicher Bedeutung zusammen. Sie fördert daher die volkswirtschaftliche Wirksamkeit der naturwissenschaftlichen Disziplinen. So erklärten Vertreter unserer Forschungsbereiche Physik und Mathematik mehrfach, daß es vor allem Anforderungen aus dem Bereich der Stoffwirtschaft waren, die es ihnen ermöglichten, Forschungsarbeiten von großer Bedeutung für die Technologie durchzuführen und Ergebnisse von hoher Relevanz für die Volkswirtschaft zu erarbeiten. Deshalb ist es erforderlich, die Kooperationsbeziehungen der Forschungsbereiche unserer Akademie ständig enger werden zu lassen.

Wie oben dargestellt, umfaßt die chemische Technologie nicht nur die eigentliche chemische Verfahrenstechnik als das Herzstück der technologischen Forsung, sondern auch wesentliche Teile der Verarbeitungs- und der Fertigungstechnik. Naturwissenschaftliche und technische Forschungsergebnisse müssen sich in der Konstruktion und der Fertigung leistungsfähiger Apparate und Anlagen niederschlagen. Beim Entwurf von Anlagen müssen wissenschaftliche Grundlagen fertigungstechnischer Prozesse berücksichtigt werden. Gegenwärtig sind in der DDR die Kapazität für den Bau von Pilotanlagen und der Apparatebau geschwindigkeitsbestimmende Faktoren für den Überführungsprozeß.

Um wissenschaftliche Erkenntnisse in den technischen Maßstab zu übertragen, ist eine starke Projektierungs- und Konstruktionskapazität erforderlich. Die hierfür in unserer Republik zur Verfügung stehenden Kräfte müssen als zu gering eingeschätzt werden. Allerdings besteht eine Wechselwirkung zwischen der Grundlagenforschung und dem Konstruktionsaufwand. Je besser wir die Grundlagen untersuchen, je zuverlässiger unsere Forschungsergebnisse sind, je sorgfältiger wir die Modelle für verfahrenstechnische Lösungen ausarbeiten, um so geringer kann der Konstruktionsaufwand gehalten werden, um so schneller wird die Überführungsphase durchschritten. Auch hierbei kann unsere Akademie unter Berücksichtigung der Prinzipien der Arbeitsteilung Beiträge leisten und auf die Projektierung und Konstruktion einwirken. Dort, wo die Möglichkeit besteht, sollten wir alles tun, um die Grundlagenforschung bis zur Schaffung technologischer Anschlußstücke weiterzuführen. Dadurch wird die arbeitsteilige Zusammenarbeit mit der Industrie wirksam gestaltet.

Hier gibt es bei uns zur Zeit noch gewisse ideologische Hemmnisse zu überwinden. Nicht immer werden solche Forschungsarbeiten als „akademiewürdig" angesehen. Die Forscher der Akademie und des Hochschulwesens haben aber ihre Pflicht als Wissenschaftler gegenüber der sozialistischen Gesellschaft erst dann erfüllt, wenn die Ergebnisse ihrer Forschung auch zu den gewünschten und erforderlichen volkswirtschaftlichen Ergebnissen geführt haben.

Nun verfügen in vielen Fällen Forscher und Leiter noch nicht über den erforderlichen wissenschaftlichen Überblick, um die Zweckmäßigkeit und die Methoden zur Bearbeitung dieser Anschlußstücke richtig erkennen zu können. Oft war die wissenschaftlich fundierte Ausbildung in chemischer Technologie in der Vergangenheit das Stiefkind unserer Arbeit an Universitäten und Hochschulen. Aus diesem Grunde beschlossen wir im Forschungsbereich Chemie, durch postgraduale Kurse in chemischer Technologie noch vorhandene Lücken zu schließen.

5. *Aufgaben der chemisch-technologischen Forschung*

Bis vor wenigen Jahren wirkte in unserer technologischen Ausbildung eine alte Tradition, die noch aus den zwanziger und dreißiger Jahren der Ausbildung an den deutschen Hochschulen stammt, fort: Die Tatsache, daß die chemische Verfahrenstechnik als Ingenieurdisziplin zu verstehen ist, führte zu einer besonders engen Kopplung mit der Ausbildung im Maschinenbau. Praktisch waren die Verfahrensingenieure Maschinenbauer der chemischen Industrie. Auf dieser Grundlage hatte zum Beispiel der IG-Farben-Konzern die Struktur seiner großen Werke wir Leuna, Schkopau usw. gestaltet, eine Tatsache, die sich auch in den ersten Jahren unserer volkseigenen Industrie noch bemerkbar machte.

In der UdSSR und den USA hingegen wurde die chemische Technologie schon frühzeitig mit der Physik, der physikalischen Chemie und spezifischen chemischen Kenntnissen verknüpft, so daß dort naturwissenschaftliche Forschungsergebnisse eher als bei uns systematisch die Entwicklung der Technik zu beeinflussen begannen.

Diese zweite Auffassung von der Struktur hat sich für die Herausbildung der Wissenschaftsdisziplin chemische Technologie als wirksamer erwiesen, ihre Forschungsergebnisse trugen international gesehen in hervorragendem Maße zur Schaffung von Berechnungsgrundlagen für technische Prozesse und zu den Aufgaben der Modellierung technischer Verfahren bei. Deshalb wurde diese Entwicklung in der DDR in den fünfziger Jahren übernommen und bis heute so ausgebaut, daß der ursprüngliche Zeitverzug zu einem Teil, allerdings nicht völlig, aufgeholt ist. Diese Entwicklung beeinträchtigte die enge Kopplung der chemischen Technologie mit dem chemischen Anlagenbau nicht.

Wenn die Überführungszeiten zum Beispiel US-amerikanischer Konzerne heute noch unter denen der DDR, aber auch kapitalistischer Länder Europas liegen, so hat dies mit der seit langem geübten Verflechtung der Ingenieurdisziplinen mit den naturwissenschaftlichen Grundlagen zu tun. Keineswegs ist die heute noch zu beobachtende „technologische Lücke" etwa Ausdruck einer Überlegenheit kapitalistischer Wirtschaftsweise. Im Gegenteil, wo die sozialistische Staatengemeinschaft ihre gesellschaftlichen Vorzüge wirksam zur Lösung technologischer Aufgaben in die Waagschale wirft, zum Beispiel in der Kernenergetik, dem Raumfahrtprogramm und einigen Gebieten der Stoffwandlung, da gelingt es ihr nicht nur, diese technologische Lücke zu überwinden, sondern selbst neue Maßstäbe der Überführung zu setzen. Das schließt aber jene wissenschaftliche Verknüpfung der technischen mit den naturwissenschaftlichen Disziplinen ein, von denen ich vorhin sprach und die in leistungsfähigen Forschungszentren in Moskau, Nowosibirsk, Minsk, Warschau und Prag auch heute Grundlagen der gemeinsamen Arbeit sind.

In der Stoffwirtschaft kommt es auf das Endprodukt an. Die chemische Technologie wird also dann am ehesten wirksam, wenn sie sich der Entwicklung und Rationalisierung leistungsfähiger Produktionsverfahren, die die Erzeugung bestimmter Produkte zum Ziel haben, widmet. Deshalb muß auch der Forschungsprozeß so geleitet werden, daß alle Stadien der Stoffwandlung und -trennung vom Rohstoff bis zum Fertigprodukt auf einem vergleichbaren wissenschaftlichen Niveau bearbeitet werden. Dies sind die wichtigsten Kriterien, die die chemische Industrie an die Leistungsfähigkeit der technologischen Forschung stellen muß. Und diesen Bedingungen müssen auch die Forschungsergebnisse von Akademie und Hochschulwesen genügen. Die chemische Industrie ist auch in der DDR dazu übergegangen, bestimmte, über das Produkt miteinander verbundene Produktionsprozesse zu Erzeugnislinien zusammenzufassen.

So stellen zum Beispiel in Leuna die Produktion von Phenol, von Caprolactam und von Polyamiden eine solche Erzeugnislinie dar. Auch die Kette von der Kohlenwasserstoffspaltung bis zum Polyäthylen beweist einen solchen

Zusammenhang. Nur auf diese Weise gelingt es, die Aufgaben der langfristigen Planung zu erfüllen und die Voraussetzungen für eine stabile Investitionspolitik zu schaffen.

Darüber hinaus gibt es aber speziell für die Grundlagenforschung auch ein anderes Organisationsprinzip. Seit langem ist bekannt, daß verschiedene Verfahrensstufen der chemischen Technologie unter gleichartigen wissenschaftlichen Gesichtspunkten zusammengefaßt werden können. Solche Prozeßgruppen sind zum Beispiel: die Stofftrennung durch Destillation, Extraktion, Absorption und Adsorption. Die folgende Abb. 10 zeigt dies schematisch.

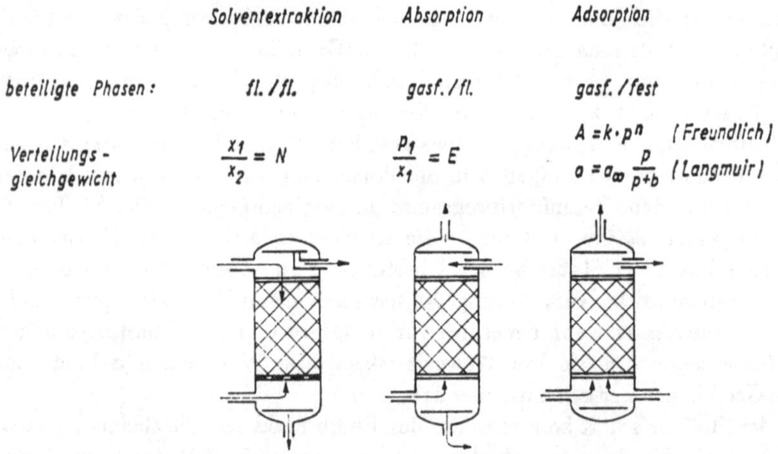

Ähnlichkeit von Verfahrensstufen des Stoffaustausches (Füllkörperschichten)

Abb. 10

Da in allen Fällen eine Stoffverteilung zwischen verschiedenen Phasen vorgenommen und eine Trennung dieser Phasen in reine Komponenten durchgeführt werden muß, ergeben sich technologisch gesehen sehr ähnliche Aufgaben und Lösungen. Es ist wissenschaftlich also sehr rationell, solche Forschungsaufgaben unter einheitlichen Gesichtspunkten durchzuführen und analoge Bedingungen und Ergebnisse unmittelbar miteinander zu vergleichen.

Es wäre falsch, die Flüssigphasenextraktion etwa speziell und isoliert unter dem Aspekt der Aromatenabtrennung aus Kohlenwasserstoffgemischen, der Metallextraktion aus komplexen Lösungen oder der Gewinnung von Phosphorsäure aus Lösungen durchzuführen. Die Grundlagenforschung muß also nicht nur stoffspezifisch, sondern auch problemorientiert angelegt sein. So wird sie am ehesten der Forderung gerecht, multivalent nutzbare Erkenntnisse zu liefern.

Das Problem der richtigen Leitung von Forschungsprozessen besteht nun darin, die zwischen querschnittsorientierter und stoffspezifischer Forschung erforderlichen Verflechtungsbeziehungen herzustellen und sie für die Lösung gesellschaftlicher Aufgaben nutzbar zu machen. Hierfür sind auch die erforderlichen organisatorischen Maßnahmen in Form von Kooperationsgemeinschaften zu schaffen. Diese Verflechtung liegt der Konzeption des Programms „Chemie" der AdW und den Entwicklungskonzeptionen der chemischen Industrie zugrunde.

Die Grundlagenforschung für die chemische Technologie trägt dazu bei, durch multivalent verwertbare Ergebnisse einheitliche Verfahrensstufen und standardisierte Apparate zu entwickeln. Das gilt nicht nur für den Stoff- und Wärmeaustausch, sondern auch für die Stofftrennung, für Transportvorgänge und für die Kompression von Gasen. Diesen Verfahrensstufen liegen im wesentlichen physikalische Vorgänge zugrunde. Der Chemieanlagenbau der DDR hat die Aufgabe, Voraussetzungen für ein möglichst einheitliches System der Apparateentwicklung zu schaffen, das sich baukastenähnlich aus bestimmten Elementen zusammensetzt. Für die Volkswirtschaft ergibt sich hieraus eine beträchtliche Rationalisierung; denn durch den Einsatz genormter Apparate und Apparateteile, durch den Einsatz bestimmter einheitlicher Betriebsbedingungen (Dampfdrücke, Strömungsgeschwindigkeit und Gasdrücke) lassen sich nicht nur die Materialhaltung und der Reparaturablauf vereinfachen, auch die Projektierung und Investitionsmaßnahmen werden hierdurch rationalisiert.

Es gibt Bemühungen, diese Tendenzen auch auf den Bau von Reaktoren zu übertragen. Dort scheinen der Entwicklung zunächst enge Grenzen gesetzt zu sein. Denn die Bedingungen, unter denen die eigentliche chemische Reaktion abläuft, sind, wenn man diesen Ablauf optimiert, so spezifisch für jedes Verfahren, daß Prinzipien einer Normierung von Reaktoren nicht angewandt werden können. Der Grundsatz, daß Reaktoren „maßgeschneidert" sein sollen, fand international Anerkennung; aber auch hier sollte man das Prinzip der Einzelanfertigung nicht zu absolut sehen; denn auch im Reaktorbau ist ein Einfluß allgemeingültiger, vielseitig nutzbarer Erkenntnisse zu beobachten. Das gilt sowohl für den Einsatz von Wärmeaustauschern im Reaktor als auch für die Anordnung von Katalysatoren in Strömungsreaktoren, als auch für die Zuführung von Frischgas bei exothermen Reaktoren. Wenn also auch der chemische Reaktor stark individuelle Züge des Aufbaus und der Konstruktion aufweist, so erfolgt seine Entwicklung dennoch unter Verwertung allgemeingültiger Forschungsergebnisse.

Der Umfang der technologischen Grundlagenforschung ist für unsere Republik so groß geworden, daß sie nur in abgestimmter Arbeitsteilung und enger Kooperation von der Industrie, den Hochschulen und der Akademie der Wissenschaften gemeinsam erbracht werden kann. In jeder dieser drei Institutionen sollten diejenigen Forschungsaufgaben in Angriff genommen werden, für die die günstigsten Voraussetzungen bestehen. Arbeitsteilung bedeutet hier niemals Abgrenzung im Sinne von „Abkapselung", sondern schließt die Verpflichtung zur Kooperation, besonders bei der Überführung von Aufgaben in die gesellschaftliche Praxis, ein.

So haben die Forschungseinrichtungen der Hochschulen und der Akademie kaum die Möglichkeit, die gesamte Forschung für ein vollständiges Produktionsverfahren zu übernehmen. Für die Erprobung in halbtechnischen Anlagen kommen fast ausschließlich die Industriebetriebe in Frage. Dagegen sind die Forschungskapazitäten der Hochschulen und der Akademie mit Erfolg für die Lösung theoretischer und querschnittsorientierter Aufgaben im Labormaßstab einzusetzen. Natürlich sollte die technologische Forschung bereits in diesem Stadium eng mit den Aufgaben der Industrie und der Volkswirtschaft gekoppelt werden; denn nur durch eine rechtzeitige Einbeziehung der Forderungen der Praxis lassen sich die bereits erwähnten technologischen Anschlußstücke bearbeiten.

Eine Analyse der chemisch-technologischen Forschungskapazität zeigt, daß die für die Entwicklung von Prozessen und Apparaten zur Verfügung stehenden Möglichkeiten stärker entwickelt sind als die für Verfahren und Anlagen (Systemverfahrenstechnik). Eine rationelle Überführung von Forschungsergebnissen ist von einer richtigen Struktur der technologischen Forschung abhängig. Gegenwärtig erweist es sich als notwendig, die mit der Systemverfahrenstechnik verbundenen Forschungsaufgaben wie die Modellierung und Optimierung verfahrenstechnischer Systeme, Unterlagen für die Berechnung verfahrenstechnischer Zusammenhänge, die Automatisierung von Produktionsverfahren, Fragen der Betriebssicherheit und der Zuverlässigkeit von Anlagen und Aggregaten verstärkt zu bearbeiten. Dabei sollen diese Aufgaben nicht als abstrakte Probleme formuliert werden, sondern müssen sich am gegebenen technischen Objekt orientieren. Eine enge Zusammenarbeit mit der Industrie ist hier in besonderem Maße erforderlich.

Die AdW verfügt über ein erhebliches Forschungspotential auf verschiedenen Wissenschaftsgebieten. Diese sind für ein so komplexes Gebiet, wie es die chemische Technologie ist, von größter Bedeutung. Deshalb sollten wir die Möglichkeit der interdisziplinären Kooperation voll nutzen und die Zusammenarbeit der Forschungsbereiche in dieser Richtung intensivieren. Wir sollten unsere Aufgabe vor allem darin sehen, gemeinsam mit den Hochschulen verfahrenstechnische Prinziplösungen zu bearbeiten und unsere Verantwortung vor allem auf den Gebieten: theoretische Grundlagen, mechanische Verfahrenstechnik, thermische Verfahrenstechnik und Reaktionstechnik wahrzunehmen. Obwohl technologische Forschungsergebnisse stets auch den chemischen Apparatebau beeinflussen müssen, sollte dieses Forschungsgebiet stärker den Technischen Hochschulen und dem Chemieanlagenbau unserer Republik überlassen bleiben, während die AdW für Fragen der Fertigungstechnik keine Forschungskapazität einsetzen kann.

Die AdW sollte sich nicht die Aufgabe stellen, die Verfahrensträgerschaft für komplexe Produktionsanlagen auszuüben, sie sollte jedoch bereit sein, die an Akademieinstituten gewonnenen Forschungsergebnisse in Zusammenarbeit mit der Industrie einzusetzen. Die Akademie bearbeitet Probleme der Verarbeitungstechnik vor allem dort, wo diese unmittelbar mit der Verfahrenstechnik gekoppelt sind wie bei der Plastverarbeitung und -vernetzung sowie bei der Fadenbildung von Hochpolymeren. Allgemeine Probleme der Verarbeitungstechnik sollten jedoch vorwiegend an den Technischen Hochschulen untersucht werden.

Vor der chemischen Industrie der DDR steht in enger Kooperation mit den Ländern der sozialistischen Staatengemeinschaft die Aufgabe, in den nächsten Jahren zahlreiche Produktionsverfahren für die Stoffwirtschaft neu zu entwickeln. Sie betreffen sowohl die Synthese und Verarbeitung organisch-chemischer Produkte als auch die Produktion von Düngemitteln, die Aufbereitung mineralischer Rohstoffe und die Entwicklung elektrochemischer Verfahren, die Gewinnung neuer Baustoffe als auch die Produktion von Pharmazeutika, biologisch wirksamen Substanzen und von neuen Werkstoffen. Hierfür und für den wissenschaftlich-technischen Vorlauf sind vor allen Dingen Forschungsarbeiten auf dem Gebiet der thermischen Verfahrenstechnik und der selektiven Stofftrennung zu leisten.

Solche Aufgaben sind:

- Verteilungsgleichgewichte in selektiv wirkenden Phasen,
- Stoff- und Wärmeübergang an Phasengrenzen,
- Wärmeübergang unter extremen Bedingungen,
- Elementarvorgänge an Grenzen fluider Phasen,
- Untersuchungen von Mehrphasenströmungen und
- Trocknungsprozesse.

Die Rektionstechnik stellt sich das Ziel, günstige Lösungen für den Bau chemischer Reaktoren und für die Entwicklung von Prozeßstufen zu finden, in denen chemische Umsetzungen stattfinden. Vor uns stehen hierbei folgende

Aufgaben:

— Rektoren für spezifische Aktivierungsprinzipien zu entwickeln,
— Rektoren für mikrobiologische Verfahren für die wandlose Reaktionsführung zu untersuchen,
— Probleme der Maßstabsübertragung bei Reaktoren zu bearbeiten,
— das dynamische Verhalten von Festbettreaktoren und Stabilitätskriterien in Kolonnen aller Art zu untersuchen,

wobei diese Untersuchungen im Labor- und Technikumsmaßstab in der Akademie und darüber hinaus in der Industrie betrieben werden sollen.

Theoretische Beiträge sollten Fragen

— der allgemeinen Transporttheorie,
— der Thermodynamik irreversibler Prozesse,
— der Modellierung turbulenter Strömungen und
— der Kinetik von Kopplungsprozessen betreffen.

Der Chemieanlagenbau und die chemische Industrie haben ein großes Bedürfnis nach der Bereitstellung von Stoffdaten für die Berechnung technischer Zusammenhänge. Im Zuge der von Akademie- und Hochschuleinrichtungen durchgeführten experimentellen Arbeit gewonnene Stoffdaten sind für die Industrie bereitzustellen. Das Ziel sollte sein, eine allgemeine „Datenbank“ zu gründen.

Voraussetzung für die Realisierung dieser Aufgaben ist eine umfassende Kooperation mit der Forschung in der Industrie. In der chemischen Industrie der DDR werden technologische Aufgaben sowohl mit der VVB Chemieanlagen als auch in den großen Kombinaten der chemischen Industrie bearbeitet. Auch diese Kapazitäten bedürfen einer weiteren Verstärkung, wenn der Überleitungsprozeß von uns sicher beherrscht werden soll. Nach gemeinsamer Analyse mit uns hat deshalb der Minister für chemische Industrie festgelegt, die technologischen Forschungskapazitäten seines Verantwortungsbereiches zu verstärken.

Es erhebt sich die Frage, welche Aufgaben aus einer Intensivierung der Forschung auf technologischem Gebiet für die Forschungsbereiche unserer Akademie abgeleitet werden können. Ich möchte den Versuch unternehmen, Hinweise für die Mathematik, die Physik und die Gesellschaftswissenschaften zu geben.

In der Mathematik sollten gemeinsam mit dem Forschungsbereich Chemie Aufgaben, die bei der Modellierung und Optimierung komplexer verfahrenstechnischer Systeme anfallen, bearbeitet werden. Fragen der Bildtransformation, der Vektoranalyse und der Beherrschung von Systemen partieller Differentialgleichungen sind ebenso bedeutungsvoll wie mathematisch gesicherte Verfahren zur Bestimmung der Zuverlässigkeit und Parametersuchverfahren. Die Bereitstellung moderner Rechentechnik spielt eine große Rolle.

Im Forschungsbereich Physik könnten Untersuchungen über die Thermodynamik irreversibler Prozesse und weit außerhalb von Gleichgewichtszuständen, Arbeiten über Mehrphasenströmungen, Nicht-Newtonschen Flüssigkeiten ebenso bedeutungsvoll sein wie die Untersuchung der Physik des realen Festkörpers, der Struktur und Eigenschaften von Hochpolymeren und von Verbundwerkstoffen. Die Plasmaphysik setzt schon heute viele ihrer Erkenntnisse für plasmachemische Umwandlungen ein. Der Bau von Geräten trägt dazu bei, die Analytik der Betriebskontrolle zu entwickeln. Die Forschung über den Korrosionsschutz, Fragen der Energiewandlung und -fortleitung haben größte Bedeutung.

Bei der Zusammenarbeit mit der Biologie ergeben sich gemeinsame Forschungsaufgaben bei der Untersuchung verfahrenstechnischer Prinzipien mikrobiologischer Prozesse, bei der Produktion von pharmazeutischen und biologisch aktiven Produkten aller Art und bei der technologischen Beherrschung von wichtigen Problemen des Umweltschutzes und der Toxikologie. Auch die Erzeugung von Lebensmitteln, die einer gesunden Ernährung und Lebensweise dienen, stellt neue technologische Aufgaben.

Die Zusammenarbeit mit den Gesellschaftswissenschaften ist noch nicht ausreichend entwickelt. Hier müssen von beiden Seiten zusätzliche Initiativen in die Wege geleitet werden. Arbeiten über volkswirtschaftliche Kriterien, für die optimale Gestaltung des Reproduktionsprozesses, zum Beispiel bezogen auf die Kette Forschung — Überführung — Produktion, sind ebenso von Bedeutung wie eine ökonomische Untersetzung des Begriffs des moralischen Verschleißes eines Produktionsverfahrens. Noch immer sind wir nicht imstande, den gesellschaftlichen Nutzen von Ergebnissen der Grundlagenforschung korrekt ermitteln zu können. Kriterien für den optimalen Einsatz wissenschaftlicher Erkenntnisse bei der Rationalisierung bestehender Verfahren sind ebenso von Bedeutung wie entsprechende Faktoren für die Bewertung volkswirtschaftlich bedeutender Substitutionsvorgänge. Das gilt sowohl für den Einsatz und Austausch von Primärenergieträgern als auch für Rohstoffe und Werkstoffe aller Art. Die mögliche Optimierung ihres Einsatzes wird zu langfristig zu planenden Strukturveränderungen in unserer Volkswirtschaft führen, was gesellschaftliche Auswirkungen von erheblicher Bedeutung haben kann. Die Wechselwirkung zwischen der chemischen Technologie und der weiteren Festigung der sozialistischen Produktionsverhältnisse, eine Antwort auf die Frage, ob es eine gesetzmäßige Entwicklung zur Beschleunigung der Innovation gibt, sind für uns ebenso wichtig wie Untersuchungen über die Einführung automatisierter Vorgänge in der Produktion und die damit verbundenen Änderungen in der Stellung des Menschen im Produktionsprozeß. Diese Frage sollte bis hin zum Problem der Allgemeinbildung der Werktätigen untersucht werden.

Die Auswahl der obengenannten Probleme erfolgte sicherlich recht subjektiv und bis zu einem gewissen Grade willkürlich. Ich wäre dankbar, wenn die Probleme in der Diskussion ergänzt werden könnten.

Selbstverständlich besteht auf chemisch-technologischem Gebiet eine enge Zusammenarbeit mit der UdSSR und anderen sozialistischen Ländern. Abstimmungen erfolgten zum Beispiel auf der Basis arbeitsteiliger Verträge mit den Akademieinstituten der UdSSR für anorganische und technische Chemie in Moskau, für Katalyseforschung in Nowosibirsk und für Stoff- und Wärmeaustausch in Minsk. Die Zusammenarbeit mit dem ebenfalls in Minsk gelegenen RGW-Zentrum für Stoff- und Wärmeaustausch wurde in die Wege geleitet.

Unsere Partner in der ČSSR sind das Heyrovsky-Institut für physikalische Chemie und das Institut für theoretische Grundlagen der chemischen Verfahrenstechnik. In der VR Polen arbeiten wir mit dem Institut für physikalische Chemie der Akademie zusammen.

Die Zusammenarbeit hat in vielen Fällen ein Anfangsstadium allerdings noch nicht überschritten, so daß wir weitere Anstrengungen zu einer noch effektiveren Kooperation unternehmen müssen. Allerdings sind in dieser Aufzählung die zahlreichen Maßnahmen und Initiativen zu einer technologischen Zusammenarbeit im Rahmen von Regierungsabkommen oder von Vereinbarungen zwischen den zuständigen Ministerien nicht enthalten. Hier wurde in den letzten Jahren eine oft nicht eingehend der Öffentlichkeit bekannte intensive und erfolgreiche Zusammenarbeit bei der Entwicklung von Verfahren der Petrolchemie, der Hochpolymere und der mikrobiologischen Verfahren geleistet. Diese Forschungsaufgaben waren stoffspezifisch, so wie es für die Industrie erforderlich ist. Ihr volkswirtschaftlicher Wert ist hoch. Eine komplexe Beteiligung von Akademie- und Hochschuleinrichtungen an solchen Aufgaben zu gewährleisten, muß Ziel unserer weiteren Bemühungen bleiben.

Das heute behandelte Gebiet ist nicht nur außerordentlich komplex, es wurde auch der Versuch unternommen, es komplex darzustellen. Die zahlreichen vorangegangenen Diskussionen mit Kollegen aus der Physik, der Verfahrenstechnik, den Gesellschaftswissenschaften, der Biologie und der Mathematik, von den Hochschulen und aus der Industrie gaben mir viele wertvolle Hinweise und Anregungen. Allen Diskussionspartnern sei an dieser Stelle herzlich gedankt. Die Diskussionen haben wesentlich dazu beigetragen, offene Fragen einer prinzipiellen oder auch einer vorläufigen Klärung zuzuführen.

Grundlagenforschung für die chemische Technologie erfordert eine Forschungsstruktur, die dem Wissenschaftsprofil unserer Akademie sehr ähnlich ist.

Wir sollten daher von unseren Möglichkeiten, auf diesem Gebiet interdisziplinäre Forschung im gesellschaftlichen Auftrag zu betreiben, reichen Gebrauch machen. Ich sehe hierin nicht nur eine Möglichkeit, unser Forschungspotential großen gesellschaftlichen Bedürfniskomplexen zu widmen, sondern gleichzeitig auch eine Gelegenheit, langfristig wirksam werden zu können.

Handeln wir daher im Sinne des Gründers unserer Akademie Wilhelm Gottfried Leibniz, der schon vor 275 Jahren erkannte, daß es notwendig sei, die Theorie mit der Praxis zu verbinden. Übertragen wir diesen Grundsatz konsequent und wirksam auf unsere sozialistische Gegenwart und Zukunft. Damit werden wir nicht nur den besten Traditionen unserer Akademie gerecht, sondern erfüllen auch die Erwartung, die unser Volk an unsere Arbeit knüpft.

Literatur

[1] Marx, K. MEW, Bd. 23, Berlin 1959, S. 407.

[2] Kuczynski, J., Jahrbuch für Wirtschaftsgeschichte, Akademie-Verlag Berlin 1973, Teil I, S. 13.

[3] Ellegast, K., Erdöl und Kohle **26** 1973 (12), 713–718.

[4] Sieber, W., Energietechnik **20**, 1970 (5), 197–205.

[5] Interner Bericht des Forschungsbereiches Physik der AdW der DDR, Berlin, 1974.

[6] Sitzungsberichte Plenum und Klassen der AdW der DDR, „Probleme der organischen Verbindung der wissenschaftlich-technischen Revolution mit den Vorzügen des Sozialismus und der Einheit von wissenschaftlich-technischem und sozialem Fortschritt", 3/1973, S. 67 ff.

[7] Bischoff, C., Plaste und Kautschuk **18**, (1971) 2, S. 82.

[8] zitiert nach „Plaste und Kautschuk" **21** (1974) 2, S. 156/157.

[9] Direktive des VIII. Parteitages der Sozialistischen Einheitspartei Deutschlands zum Fünfjahrplan für die Entwicklung der Volkswirtschaft der DDR 1971–1975, Dietz-Verlag Berlin 1971, S. 54.

[10] Shavoronkov, N. M., persönliche Mitteilung.

[11] Uhlig, D. und G. Schulz, Ber. deutsch. Ges. geol. WHiss. A., Geolog. Paläont. **17** (1972) 5, S. 733.

[12] Sinn, H. Chem.-Ing.-Techn. **56** (1974) 14, S. 579.

[13] nach H. Frommelt, interner Bericht 1973.

[14] Plenartagung der AdW der UdSSR zu Problemen des Umweltschutzes und der rationellen Nutzung biologischer Ressourcen, Vestnik Akademii nauk SSSR 1973, 9, S. 3–51, übersetzt vom Wiss. Informationszentrum der AdW der DDR, 5. Jahrgang, Heft 4 (1974).

[15] Einführung in die Verfahrenstechnik, Autorenkollektiv unter Leitung von G. GRUHN, Merseburg, VEB Deutscher Verlag für Grundstoffindustrie, Leipzig 1973. S. 48.
[16] SCHIRMER, W. und D. GELBIN, Spektrum 3 (1972) 5, S. 12.
[17] QUARTULLI, O. J. und D. WAGNER, Erdöl und Kohle 26 (1973) 4, S. 192.
[18] SCHMIDT, A., Verfahrenstechnik 3 (1969) 8, S. 323.

Gerhard Montag

Diskussionsbeitrag

Herr SCHIRMER hat in seinem Vortrag die hohe volkswirtschaftliche Bedeutung der chemischen Technologie dargestellt. Aus seinen Worten, so meine ich, wird deutlich, daß bei der Intensivierung in der Volkswirtschaft als dem Hauptweg zur Steigerung der Produktion und zur ständigen Verbesserung der Arbeitsbedingungen Technologien zu einem bevorzugten Gegenstand wissenschaftlich-technischer Arbeit werden müssen und daß das Niveau der Technologie — so wie Gen. Prof. HAGER anläßlich des 140. Geburtstages von CARL SCHORLEMMER in der Techn. Hochschule für Chemie ausführte — die Tiefe und das Ausmaß der wissenschaftlichen Durchdringung der Produktionsprozesse kennzeichnet. Da das für alle volkswirtschaftlichen Bereiche gilt, möchte ich die Ausführungen von Herrn SCHIRMER ergänzen um einige Gesichtspunkte zur technologischen Forschung im Maschinenbau, bei der es bisher in erster Linie um mechanische Technologien ging, aber in Zukunft immer mehr andersgeartete, z. B. elektrische und chemische Technologien hinzukommen.

Die volkswirtschaftliche Aufgabenstellung für den Maschinenbau bedingt heute mehr denn je die beschleunigte Entwicklung von Technologien, die es gestatten, den Arbeitszeitaufwand für die Herstellung von Erzeugnissen beträchtlich zu senken, den Materialverbrauch entscheidend zu verringern und die Qualität der Erzeugnisse spürbar zu verbessern.

Aus den Orientierungspunkten der 9. Tagung des ZK der SED läßt sich ableiten, daß durch die Rationalisierung, die neue und weiterentwickelte Technologien erfordert, im nächsten Jahrfünft beispielsweise im Maschinenbau etwa 40 bis 60 Mio Arbeitsstunden pro Jahr einzusparen sind. Für so wichtige Werkstoffe wie Walzstahl und Aluminium muß die durchschnittliche jährliche Senkung des spezifischen Verbrauchs über den gegenwärtig erreichten Werten liegen.

Hierfür werden neue Erkenntnisse aus den Natur- und Gesellschaftswissenschaften gebraucht, und Bekanntes ist wissenschaftlich weiter zu durchdringen sowie sinnvoll zu nutzen, um den volkswirtschaftlichen Forderungen an die

Erhöhung des technologischen Niveaus zu entsprechen. Die Anwendung der Laser für die Trennbearbeitung, der Ionenimplantation zur Schaffung verschleißfesterer Oberflächen, der Einsatz von synthetischem kubischem Bornitrid als Schneidstoff kennzeichnen die unmittelbare Nutzung der neuesten naturwissenschaftlichen Forschungsergebnisse für die Technologien im Maschinenbau. Bemerkenswert ist auch der indirekte Einfluß der gegenwärtigen naturwissenschaftlichen Arbeit, beispielsweise durch die Einführung von Plasten im Maschinenbau oder durch den Einsatz der Elektronik im Werkzeugmaschinenbau.

Die bedeutsamste Quelle technologischer Veränderungen im Maschinenbau waren in den zurückliegenden Jahren aber wissenschaftliche Arbeiten, bei denen es um die Anwendung bekannter Gesetze und Effekte der Naturwissenschaften ging. Die damit zusammenhängenden Aufgaben treten uns nicht nur als Problem der Überleitung entgegen, sondern sind an intensive technologische und andere technische Forschungsarbeiten gebunden, mit denen die in der Mathematik, in der Physik, in der Chemie und anderen naturwissenschaftlichen Disziplinen in der Vergangenheit und in der Gegenwart erarbeiteten Erkenntnisse erweitert und genutzt werden.

Ein Beispiel ist das Elysieren, das Anfang der 60er Jahre in die Produktion eingeführt wurde. Es ist eine Kombination von elektrolytischem Abtrag und Schleifen. Genutzt werden Faradaysche Gesetze, die, wie wir alle wissen, seit langem bekannt sind. Aber allein die Kenntnis der Faradayschen Gesetze reicht nicht aus, um den Abtragsmechanismus des Werkstoffes zu bestimmen, und die Beherrschung dieses Verfahrens als Voraussetzung für seine effektivste Anwendung schließt demzufolge sowohl Experimente als auch theoretische Arbeiten auf der Grundlage moderner naturwissenschaftlicher Methoden ein. Solche Arbeiten kennzeichnen die eigenständige technologische Forschung, die im engen Zusammenhang mit der in anderen technischen Disziplinen durchgeführt wird und bei der es allerdings nicht nur um neue, sondern zugleich auch um die immer bessere Nutzung bekannter Verfahren durch Aufklärung ihrer Wirkungsmechanismen, der Stoffänderungen, der Spannungsverteilungen, der Energieumsetzungen, um nur einiges zu nennen, geht. Es ist ein gesellschaftliches Anliegen, daß diese Forschungsarbeit für den Maschinenbau weiter verstärkt wird, so wie es die „Konzeption zur Entwicklung der naturwissenschaftlichen und mathematischen Grundlagenforschung sowie der Grundlagenforschung ausgewählter technischer Richtungen im Bereich der Akademie der Wissenschaften der DDR und des Ministeriums für Hoch- und Fachschulwesen bis 1990" vorsieht.

Eine der Aufgaben, die dabei vor uns stehen, ist die noch tiefgründigere Untersuchung der Fertigungsprozeßgestaltung im Maschinenbau, um Voraussetzungen für die Optimierung, die höhere Kontinuität und Automatisierung von Arbeitsprozessen sowie die ständige Verbesserung der Arbeitsbedingungen zu schaffen. Wir haben mehr Erkenntnisse über das Werkstoff-Verhalten, wie es z. B. beim Urformen, Umformen, Trennen und Fügen vorhanden ist, sowie über die auftretenden Beanspruchungen und dynamischen Vorgänge zu erarbeiten. Ein weites Forschungsgebiet liegt vor uns, um die Ausbildung der Oberflächen in Abhängigkeit von den Verfahren sowie den verarbeiteten Werkstoffen aufzudecken und damit besser als bisher zu beherrschen. Auch Fragen der Erhöhung der Leistungsdichte an den Bearbeitungsstellen sind zu lösen.

Das sind einige ausgewählte grundlegende Probleme der unmittelbaren technologischen Forschung, wobei aber immer zu sehen ist: Ihre Bearbeitung erfolgt, um zu neuen und weiterentwickelten Technologien zu kommen, durch die Arbeitsstufen eingespart, manuelle Arbeiten reduziert, Arbeitsgeschwindigkeiten erhöht, gesundheitsschädigende Faktoren im Arbeitsprozeß ausgeschaltet, der Material- und Energieaufwand verringert sowie höhere Genauigkeit und Funktionssicherheit bei kleinerem Aufwand erreicht werden.

Wenn ich sagte, daß eigenständige technologische Forschungsarbeiten zu erfolgen haben, gehe ich davon aus, daß der Begriff Technologie auch Wissenschaftsdisziplinen oder Wissenschaftsgebiete kennzeichnet.

Ich möchte hier an die Art und Weise erinnern, wie von Karl Marx der Begriff Technologie angewandt wurde. Das Prinzip der großen Industrie, so schreibt Karl Marx im „Kapital", „jeden Produktionsprozeß an und für sich und zunächst ohne alle Rücksicht auf die menschliche Hand, in seine konstituierenden Elemente aufzulösen, schuf die ganz moderne Wissenschaft der Technologie. Die buntscheckigen, scheinbar zusammenhanglosen und verknöcherten Gestalten des gesellschaftlichen Produktionsprozesses lösten sich auf in die bewußt planmäßige und je nach dem bezweckten Nutzeffekt systematisch besonderte Anwendung der Naturwissenschaft." [1]

Zwei Merkmale kennzeichnen danach den Gegenstand der Wissenschaft Technologie:

1. Die Untersuchung der Arbeitsprozesse, ihre Zerlegung in Prozeßelemente, der notwendigerweise ihre Kombination und Synthese gegenüberstehen muß und
2. den Gebrauch der Naturwissenschaften für die Gestaltung der Produktion.

In dem Vortrag von Herrn Schirmer, so meine ich, sind diese zwei Merkmale des Gegenstandes der Wissenschaft Technologie sehr deutlich sichtbar geworden. Sie gelten selbstverständlich auch für den Maschinenbau.

Wir haben in den letzten Jahren sehr oft über die Frage „ist Technologie eine Wissenschaft" diskutiert, und ein Argument gegen die Schlußfolgerungen, die ich hier aus den Ausführungen von Karl Marx gezogen habe, war: Karl Marx habe den Begriff Technologie, englischem Sprachgebrauch folgend, als Synonym für den Terminus „angewandte Technik" gesehen. Ich bin der Überzeugung, als Karl Marx Technologie eine moderne Wissenschaft nannte, wandte er den zu jener Zeit im deutschen Sprachgebiet in der Ausbreitung befindlichen Begriff „Technologie" an. Diese Meinung stützt sich darauf, daß er über das Aufkommen und die Verwendung dieses Begriffes im damaligen Deutschland wußte. Er hat 1851 die „Geschichte der Technologie" von J. H. M. Poppe exzerpiert, und wie wir aus einem Brief an Friedrich Engels vom Januar 1863 wissen, hat er die Exzerpte in dieser Zeit sehr gründlich ausgewertet. [2]

In seinen ökonomischen Manuskripten von 1861—1863 ist die Feststellung zu finden: „Im 18. Jahrhundert sind viele Gelehrte mit Fleiß darauf ausgegangen, Handwerke, Manufakturen und Fabriken genau kennenzulernen. Einige machten besonderes Studium daraus. Erst in der neuen Zeit der Zusammenhang der Mechanik, Physik, Chemie etc. mit dem Handwerk (soll heißen der Produktion) gehörig eingesehen ... Beckmann 1772 braucht zuerst die Bezeichnung ‚Technologie'." [3]

Soweit das Zitat von Karl Marx.

Zur Ergänzung sei hier noch gesagt. Eines der Bücher von Beckmann, Professor in Göttingen, hatte den Titel „Anleitung zur Technologie". In ihm schrieb er:

„Ich habe es zuerst im Jahre 1772 gewagt, Technologie statt der vorher üblichen Benennung Kunstgeschichte zu gebrauchen ..." Und er fährt fort: „Kunstgeschichte mag die gründliche Erzählung von der Erfindung, dem Fortgange und den übrigen Schicksalen einer Kunst oder eines Handwerks heißen; aber vielmehr ist die Technologie, welche alle Arbeiten, ihre Folgen und ihre Gründe vollständig, ordentlich und deutlich erklärt." [4]

Diese Veröffentlichung hatte eine nachhaltige Wirkung. Sie löste eine schnelle Ausbreitung des Begriffes Technologie aus, und durch sie entstanden beispielsweise an Universitäten erste Lehrstühle für Technologie. Soweit der Rückblick.

Mit meinen Gedanken zum Problem Technologie als Wissenschaft wollte ich nicht zum Ausdruck bringen, daß es zu Technologien nur Forschungsarbeit gibt. Es gibt technologische Arbeit, die ausschließlich der Aufrechterhaltung der vorhandenen Produktion dient und der Einführung von Forschungsergebnissen. Diese zur technischen Produktionsvorbereitung gehörende Seite der technologischen Arbeit hat für uns großes gesellschaftliches Gewicht, weil durch sie tagtäglich der Nutzeffekt der Produktion mit bestimmt wird und weil sie maßgeblich das Tempo der Einführung von Forschungsergebnissen beeinflußt. Ausgehend vom gegenwärtigen Stand der technologischen Arbeit muß man interessiert sein, auch dieses Arbeitsgebiet in den Betrieben des Maschinenbaus zu verstärken und mehr Raum für die hier ohne Zweifel notwendige schöpferische Tätigkeit zu gewinnen.

Die letztgenannte Seite der technologischen Arbeit ist sehr hoch zu werten, aber ich sehe in ihr immer nur einen Teil der auf diesem Gebiet der Technologie erforderlichen Leistungen. Wir haben zugleich die Technologie als Wissenschaft zu fördern und in den Naturwissenschaften zielgerichtet auch technologische Aufgaben zu lösen.

Literatur

[1] Marx/Engels: Werke, Bd. 23, Dietz-Verlag, Berlin 1962, S. 510.

[2] Marx/Engels: Werke, Bd. 30, Dietz-Verlag, Berlin 1964, S. 320.

[3] Karl Marx: Zur Kritik der politischen Ökonomie (1861—1863) Heft XIX, S. 1172, zitiert nach К. Маркс и Ф. Энгельс, том 47, Москва 1973, S. 422.

[4] J. Beckmann: Anleitung zur Technologie oder zur Kenntnis der Handwerke, Fabriken und Manufakturen, vornehmlich derer, die mit der Landwirtschaft, Polizey und Cameralwissenschaft in nächster Verbindung stehen. Vandendorck und Ruprecht, Göttingen, 1796, S. 20.

Klaus Fuchs

Diskussionsbeitrag

Ich habe die Ausführungen des Kollegen Schirmer mit sehr großem Interesse verfolgt, um so mehr, als wir uns in der Arbeit an der Energiestudie der AdW und im Zusammenhang mit den Problemen der Kopplung zwischen Stoff- und Energiewirtschaft sehr viel über diese Fragen unterhalten haben. Von einem anfänglichen Nichtverständnis der Terminologie haben wir uns allmählich zu einer weitgehend gemeinsamen Sprache durchgerungen. Auch in der Definition der „Technologie" haben wir uns sehr weit angenähert, so daß die restlichen Unterschiede bei anderer Gelegenheit geklärt werden können.

Ich möchte heute über die Erfahrung sprechen, die wir in der theoretischen Physik mit der Nutzung von mathematischen Modellen für technologische Prozesse gehabt haben. Da wir in der Physik schon längere Erfahrungen mit mathematischen Modellen besitzen, ist es natürlich, daß wir auf diesem Gebiet einige Ergänzungen bringen können.

Die erste Ergänzung stammt aus der Zusammenarbeit mit der chemischen Industrie, mit den „Imperial Chemical Industries" und mit der „Kellex-Korporation" im Zusammenhang mit der Errichtung einer Isotopendiffusionstrennanlage. Wir hatten bei der Projektierung dieser Anlage drei mathematische Modelle entworfen. Das erste Modell war ein statisches Modell, in dem die Abhängigkeit der Effektivität der Anlage von den verschiedenen Prozeßparametern dargestellt war. Ein Modell, welches der Optimierung diente. Vielleicht ist von Interesse, daß auch Dirac sich für diese Frage interessierte. Von ihm stammt das thermodynamische Kriterium der Änderung der Entropie als Folge der Änderung der Isotopenzusammensetzung als das theoretische erreichbare Maximum. Das zweite Modell war ein dynamisches Modell. Hier ging es darum, daß Änderungen des Druckes oder der Temperatur in einer Stufe sich durch die ganze Anlage hindurch fortsetzen, die aus mehreren tausend hintereinander geschalteten Stufen aufgebaut ist. Dieses dynamische Modell war Vorstufe für das nächste Problem — das Modell der Schwankungen in der Isotopenkonzentration. Die Konzentrationsunterschiede von einer Stufe zur anderen sind sehr klein. In jeder Stufe wird der Zustrom in zwei Fraktionen geteilt, von denen eine geringfügig angereichert, die andere abgereichert ist. Der Zustrom einer Stufe setzt sich aus der angreicherten Fraktion der vorhergehenden und der abgereicherten Fraktion der folgenden Stufe zusammen, deren Konzentrationen gut miteinander übereinstimmen müssen, damit möglichst wenig Trennarbeit verlorengeht. Konzentrationsschwankungen führen zu solchen Verlusten der geleisteten Trennarbeit und können zu großen Effektivitätseinbußen führen. Bei der Behandlung dieses Problems war das Kriterium von Dirac sehr nützlich. Mit diesem dritten, sehr umfangreichen, komplizierten und nicht leicht zu durchschauenden Modell haben wir manchmal die Ingenieure fast zur Verzweiflung gebtrieben, denn es stellte sich in bestimmten Fällen heraus, daß es entgegen dem Gefühl der Regelungstechniker notwendig war, den Schwankungen in Druck und Temperatur recht großen freien Lauf zu lassen. Es zeugt auch von der guten Zusammenarbeit mit den Chemie-Ingenieuren, daß sie die Schlußfolgerungen der Theorie akzeptierten. Wir hatten also schon drei verschiedene Modelle, die für den effektiven Betrieb dieser Anlage von recht großem Nutzen waren.

Vielleicht darf ich eine kleine Anekdote mit anfügen. Ich habe mich einmal mit einem der beteiligten Chemie-Ingenieure unterhalten und ihn gefragt, ob nicht die mathematischen Methoden, die wir für die Diffusionstrennanlage entwickelt haben, auch für normale chemische Anlagen nützlich sein könnten. Er antwortete: „Ach nein, da können wir Modellversuche machen und das genügt vollkommen". So kann man sich in der Prognose täuschen.

Auch für die Projektierung und den Betrieb von Kernkraftwerken werden verschiedene Modelle gemacht. Natürlich beginnen wir auch hier mit dem statischen Modell, das die Optimierung ermöglicht. Dazu kommt das kinetische Modell, das der Regelung und Steuerung dient und Aussagen macht, wie sich der Neutronenfluß mit der Stellung der Regelstäbe ändert unter Berücksichtigung von äußeren Einflüssen und Rückkopplungseffekten. Drittens haben wir das der Langzeitveränderungen oder das Abbrandmodell, welches die Änderungen im Brennstoff, die Zeit zwischen Umladungen und die rationellste Ausnutzung des Kernbrennstoffs zu berechnen gestattet.

Das sind zunächst drei Modelle, die im wesentlichen Optimierungsproblemen und Regelungs- und Steuerungsfragen dienen. Die dynamischen Modelle hingegen dienen der Bestimmung von Parametern, die mit der Prozeßanalyse und der Sicherheit zusammenhängen. In diesem Zusammenhang geht es darum, Information über Abweichungen im Verlauf des Prozesses und über den Zustand der Anlage selbst und der Apparaturen, aus denen die Anlage aufgebaut ist, zu erhalten. Der Neutronenfluß im Reaktor ist besonders empfindlich für kleine Änderungen. Die Analyse der Schwankungen im Neutronenfluß — des

„Reaktorrauschens“ oder auch kleinster aufgeprägter Schwankungen — erlaubt Aussagen über den Prozeß und über den Zustand der Anlage. Schon die kleinsten Schwingungen machen sich bemerkbar als Modulation im Neutronenfluß. Es ist bekannt, daß Havarien meistens nicht aus spezifisch kerntechnischen Ursachen entstehen, sondern — ähnliches gilt übrigens auch für konventionelle Kraftwerke und für Chemieanlagen — sie werden oft durch mechanische Schwingungen verursacht, deren erste noch ungefährlichen Anfänge im Reaktorrauschen entdeckt werden können.

Das dynamische Modell ermöglicht, aus den gemessenen Prozeßparametern Rückschlüsse zu ziehen auf den Zustand der technologischen Anlage und Urteile zu fällen über die Sicherheit, die Notwendigkeit des Abschaltens, über vorbeugende Reparaturen u. a. Das ist der Grund, warum wir mit dem Prozeßrechner in die Kernkraftwerke selbst hineingehen. Wir haben z. B. Untersuchungen im Kernkraftwerk Rheinsberg durchgeführt und werden dort demnächst einen Prozeßrechner für Grundlagenuntersuchungen installieren. Mitarbeiter des ZfK sind mit einem Prozeßrechner im Lubmin bei jeder Inbetriebnahme und im Probebetrieb dabei. Es ist von besonderem Interesse, solche Untersuchungen gerade während der Inbetriebnahme einer Anlage durchzuführen, weil zu dieser Zeit verschiedene Betriebszustände erprobt werden. Was passiert z. B., wenn eine Pumpe ausfällt? Wie erscheinen solche anormalen Zustände im Neutronenfluß? Wir lernen sozusagen den gesunden Zustand der Anlage kennen, aber auch die Symptome, welche auf bestimmte Krankheiten schließen lassen.

Dieses Problem ist bedeutsam für die Beherrschung der technologischen Prozesse, da mit der Intensivierung der Produktion die Größe der Anlagen, ihre Kompliziertheit und nicht zuletzt der Automatisierungsgrad ständig steigen. Langfristig ergibt sich dadurch eine wesentliche Änderung in der Produktionskultur, die mit der wissenschaftlich-technischen Revolution verbunden ist. Sie erfordert eine viel tiefere wissenschaftliche Durchdringung der Produktionsprozesse, insbesondere im Hinblick auf die Gewinnung und Entzifferung der Information über die ablaufenden Prozesse und den Zustand der Anlagen. Das erfordert die Verstärkung der wissenschaftlichen Grundlagen der Technologie.

Hermann Klare

Diskussionsbeitrag

Die Chemiker neigen immer mehr dazu — und das wird nicht überall akzeptiert —, die Technologie als „die Wissenschaft von der Produktion" zu definieren. Die chemische Verfahrenstechnik ist dann das Ergebnis der Arbeiten dieser Wissenschaft (d. h. das Ergebnis technologischer Forschung). Infolgedessen bedarf diese Wissenschaft der experimentellen und theoretischen Grundlagenforschung. Für die Akademie ergibt sich daraus die bereits in dem Dokument der langfristigen Planung vertretene These, daß ihre naturwissenschaftlichen Einrichtungen in einer angemessenen Größenordnung technologische Forschung betreiben müssen bzw. Technika errichten müssen, wo technische Grundlagenforschung noch unzureichend betrieben wird.

In einer ganzen Reihe von Fällen wird es nötig sein, derartige technologische Forschungseinrichtungen (einschließlich Pilotanlagen) gemeinsam mit der Industrie buchstäblich unter einem Dach zu betreiben. Für die Wirkstofforschung in Friedrichsfelde ist das geplant (Zentralinstitut für Molekularbiologie und VEB Berlin-Chemie). Für die Entwicklung und Produktion von kleintonnagigen chemischen Produkten und Zwischenprodukten usw. ist das ebenfalls nötig; denn ein Besuch im Chemischen Kombinat Bitterfeld hat uns gezeigt, daß der Bau und Betrieb einer derartigen Entwicklungseinrichtung etwa in Adlershof Probleme aufwerfen würde, die in einem großen Werk keine Rolle spielen, da sie leicht lösbar sind. Ich meine die Dampfversorgung, die Abwasserbeseitigung u. ä. Fragen (Gas, Vakuum, Strom, Weichwasser, Abluft). In Adlershof (oder in einem anderen AdW-Komplex) müßte das alles erst gebaut werden, in einem chemischen Großbetrieb ist es vorhanden. Unsere Planung sollte nach gründlicher Diskussion in diese Richtung gehen. Das bereits weit gediehene Vorhaben in Friedrichsfelde sollte rasch beendet, die Labors nebst Pilotanlage gebaut und das Prinzip damit erprobt werden (Investition ist z. Z. noch nicht gesichert!).

Je mehr ich über die immer noch vorhandenen erheblichen Probleme bei der schnellen Überführung von Forschungsergebnissen nachdenke, desto stärker schälen sich — zum mindesten für die Chemie — zwei Probleme heraus, die — vergleiche ich z. B. die Entwicklung der Synthesefasertechnologie und -Verfahrenstechnik (1938—1943) — damals in dieser Form nicht bestanden.

a) Das für die Forschung und Entwicklung eines Überführungskomplexes notwendige Kollektiv, bestehend aus Chemikern, Physikern, Physiko-Chemikern, Verfahrenstechnikern, Ingenieuren (Anlagen- und Apparatebauern), Mathematikern, Ökonomen und ggf. Soziologen, die unter einer Leitung und unter einem Dach an der gestellten Aufgabe zusammenarbeiten, wird heute viel zu langsam zusammengestellt. Man muß die richtigen und erfahrenen Leute auswählen, und binnen 4 bis 6 Wochen muß diese Gruppe in der dafür bestimmten (und vorhandenen) Pilotanlage am Problem arbeiten. Das hat bisher fast nur richtig funktioniert, wenn solche Projekte bearbeitet wurden, wie Polymer 50, kontinuierliche Polyesterherstellung und Polyamid-Schnellspinnen; d. h. mit der vollen Unterstützung der entsprechenden Ministerien in der DDR und UdSSR. Bei etwas kleineren Anliegen dauert das viel zu lange; aber die Überführung neuer Ergebnisse in die Praxis muß schnell erfolgen, sonst liegen die Verfahren in anderen Ländern bereits fertig vor (Beispiele dafür gibt es).

b) Die Kapazität unseres Anlagenbaus bzw. Maschinen- und Apparatebaus reicht nicht aus, um größere Aufträge schnell zu lösen. Das ist kein Vorwurf, sondern ich konstatiere eine an sich alte Tatsache. Kaum eines dieser Werke hat irgendeine freie Kapazität oder sonstige Reserven; sie sind für Jahre hinaus mit Aufträgen eingeplant. Für den Bau neuer Apparate, Pilotanlagen, Meß- und Regeleinrichtungen usw. bekommt man praktisch nie bzw. nur in seltenen Ausnahmen einen dem Prinzip „schnelle Überführung“ angemessenen Termin (und das nicht aus Gleichgültigkeit, sondern aus wirklichem Mangel an Kapazität — sie können einfach nicht!). Die Forschungskapazität der meisten dieser Werke ist überdies m. E. zu klein und völlig überlastet; infolgedessen können sie ein neues Ergebnis, das zusätzlich von außen kommt, nicht rasch genug aufgreifen. Ob die langfristige Planung — wie wir sie hier betreiben wollen — eine Lösung bringt, muß eingehend zu Ende diskutiert werden. Ich kenne z. Z. kein wirksames Rezept, wie das zu ändern wäre; aber wir müssen eines finden, wenn wir z. B. nur daran denken, daß wir unsere Rohstoffe schnell, umfassend und besser nutzen, daß wir das Energieproblem lösen und neue Werkstoffe produzieren und verwenden müssen — von Problemen der gesunden Ernährung, der Futtermittelbeschaffung, des Gesundheitswesens usw. ganz zu schweigen.

Klaus Schreiber

Diskussionsbeitrag

Die Beziehungen zwischen den Biowissenschaften und der stoffwandelnden Industrie sind vielfältig. Sie beschränken sich nicht darauf, etwa Zellulose oder Latex als Rohstoffe in der Kunstfaser- oder Gummiindustrie zu verwenden, Arznei-, Pflanzenschutz- und Düngemittel für die medizinische Versorgung bzw. die Landwirtschaft herzustellen oder durch Maßnahmen des Umweltschutzes eine unerwünschte Einwirkung industrieller chemischer Abprodukte auf die Biosphäre weitgehend auszuschalten. Die enge Verbindung zwischen Biologie und chemischer Industrie manifestiert sich heute ganz unmittelbar in dem Einsatz mikrobieller Verfahren zur industriellen Stoffwandlung, womit an die große Tradition der klassischen Gärungsindustrie (z. B. Alkohol- und Zitronensäuregewinnung) angeknüpft wird. Solche biotechnologischen Verfahren werden bereits zur industriellen Produktion von Vitaminen, Antibiotika, Aminosäuren, Polysacchariden und Enzymen sowie auch zur chemischen Transformation nicht biogener, synthetischer Verbindungen (z. B. Steroidpharmaka) verwendet. Schon in naher Zukunft wird mit der mikrobiellen Gewinnung von Eiweiß aus bestimmten Paraffinfraktionen des Erdöls eine biotechnologische Großproduktion zur Verfügung stehen, mit deren Hilfe das bestehende Eiweißdefizit zu einem bedeutenden Teil gedeckt werden soll (vgl. Spektrum 11/1974, S. 18–20). Die biologische Grundlagenforschung steht hierbei vor der Aufgabe, mikrobielle Hochleistungsstämme zu gewinnen, weitere Rohstoffquellen (z. B. Kohlendioxid) und auch andersartige Biosysteme (z. B. Zellkulturen höherer Pflanzen) für solche Produktionen zu erschließen sowie die Steuerungsbedingungen der für eine optimale kontinuierliche Verfahrensführung entscheidenden Parameter zu ermitteln.

Bei der Weiterentwicklung dieser biotechnologischen Verfahren, welche die lebende und sich selbst vermehrende Zelle als eigentliches Produktionsinstrument verwenden, wird künftig auch den zellfreien Biosystemen für die stoffwandelnde Industrie wachsende Bedeutung zukommen. Eine solche technische Biochemie bedient sich isolierter Enzyme, Enzymkomplexe und weiterer Biokatalysatoren, um auch komplizierte Umsetzungen unter „biologischen Reaktionsbedingungen" zu realisieren. Grundsätzliche neue Möglichkeiten eröffnen an makromolekulare Träger fixierte und damit weitgehend stabilisierte Enzyme, um auch vielstufige Reaktionsketten mit Hilfe sogenannter „Bioreaktoren" kontinuierlich durchzuführen.

Der nächste Schritt in dieser Richtung repräsentiert den vollständigen Verzicht biologischer Strukturelemente (Zellen, subzelluläre Systeme, Enzyme) in der stoffwandelnden Industrie. Das geschieht durch Imitation biologischer Elementarprozesse und Wirkprinzipien in technischen Systemen, also ähnlich wie es die Bionik für die Informationsaufnahme, -übertragung und -verarbeitung in großen selbstorganisierenden Systemen beabsichtigt. Als mögliche Beispiele seien genannt: Neue Katalysatoren hoher Aktivität und Selektivität, basierend auf einer genauen Kenntnis der Wirkungsmechanismen von Enzymen, der Struktur ihrer aktiven Zentren und ihrer spezifischen Substratrezeptoren; die Nutzung des Prinzips der biologischen N_2-Aktivierung und -fixierung mit Hilfe des Nitrogenase-Systems z. B. der Knöllchenbakterien zur Entwicklung grundsätzlich neuer Verfahren der technischen Ammoniaksynthese unter Verwendung niedriger Temperaturen und Drücke; die Klärung und Imitation biologischer Energie und Stoffwandlungsprozesse unter Nutzung stationärer Ungleichgewichtszustände; die Entwicklung neuer Verfahren der Stofftrennung nach dem Prinzip biologischer Membranen.

Liselotte Welskopf

Diskussionsbeitrag

Professor Schirmer hat in seinem Vortrag das Problem der Beziehungen zwischen Technologie und Gesellschaftswissenschaften angedeutet. Als Gesellschaftswissenschaftler möchte ich dazu ein paar Worte aus dem Stegreif sagen.

Es erscheint mir selbstverständlich, daß die Gesellschaftswissenschaftler, je nach ihrem besonderen Fachbereich, ihre Aufmerksamkeit auf die Ergebnisse der Technologie — der Technologie von einst und der von heute — richten sollten und, wie ich hoffe, in verstärktem Maße richten werden.

Darüber hinaus bestehen besonders enge Beziehungen zwischen Technologie und einem bestimmten Teilgebiet der Gesellschaftswissenschaften, nämlich der Soziologie, die der genaueren Analyse wert und bedürftig sind. Hier finden wir einen Punkt spezifisch fruchtbaren und notwendigen Zusammenwirkens von Natur- und Gesellschaftswissenschaften in der Analyse des Produktionsprozesses, der objektivierten und der subjektiven Formen menschlicher Produktivkraft und der menschlichen Beziehungen in der Produktion. Wie der Technologe die Realisierung technischer Erkenntnisse und Errungenschaften im Produktions- und Reproduktionsprozeß verfolgt und analysiert und dabei die in bezug auf diesen konkreten und vielfältigen technischen Prozeß mögliche Verallgemeinerungen, Tendenzen und Regeln aufdeckt, so geht der marxistische Soziologe, wenn er den Bereich zwischen den unausweichlichen Tendenzen der Geschichte und Gegenwart gesellschaftlichen Lebens und ihrer Verwirklichung im Zuge aller positiven und negativen Interessen und Leidenschaften, aller aktiven und passiven Verhaltensweisen, aller zweckdienlichen oder fehlgehenden Vorstellungen und Maßnahmen der Beteiligten untersucht, zunächst vom Produktionsprozeß als der Basis allen menschlichen Lebens aus. Schon Friedrich Engels hat darauf hingewiesen, wie die sich kreuzenden Wirkungen unendlicher „Zufälligkeiten" notwendige Ergebnisse zeitigen; in diesen Prozeß dringt auch die Soziologie als Zweig der Gesellschaftswissenschaften ein. Dabei macht sie den Produktionsprozeß als gesellschaftlichen Prozeß, in dem gesellschaftliche Verhältnisse und Beziehungen produziert und die wesentlichsten Seiten des menschlichen Verhaltens realisiert und bestimmt werden, zum ersten und bedeutendsten Gegenstand ihrer Analysen.

Technologe und Soziologe sind somit durch ihr Untersuchungsgebiet — die unmittelbare Produktionspraxis — verbunden; sie untersuchen sie von zwei untrennbar miteinander zusammenhängenden Seiten aus und sind bei der Gestaltung einer unserer Gesellschaft gemäßen Produktionssphäre somit unbedingt aufeinander angewiesen. Beispielsweise werden bestens kombinierte und formulierte, aussagekräftige Informationen über technologische und ökonomische Sachverhalte ihren Zweck nicht erreichen, wenn Informationsbedürfnisse und Verständnismöglichkeiten der Adressaten — aus welchen Gründen auch immer — beschränkt oder nicht vorhanden sind, und umgekehrt ist die größte Aufnahmebereitschaft wirkungslos gegenüber unzweckmäßig gestalteten Informationen. Zu einer wissenschaftlichen Organisation der Arbeit im Sozialismus gehören, so meine ich, neben anderen Disziplinen, wie z. B. die Ingenieurpsychologie, auch Sozialpsychologie und Soziologie. Denn eine moderne Technologie, die eine wachsende Arbeitsproduktivität von ihrer Seite her verwirklichen und so zur besseren Befriedigung der Bedürfnisse der Menschen beitragen kann, wird für uns erst dann voll wirksam werden, wenn sie für die Arbeitenden so wenig wie möglich arbeitshygienische Beeinträchtigungen, lastende physische Anstrengungen und Einseitigkeiten oder geistige Monotonie mit sich bringt, ihre Interessen insofern also nicht verletzt und ihre Persönlichkeitsentwicklung fördert, kurz, wenn die Realisierung der Ziele sozialistischer Ökonomie und Politik in der Produktionspraxis auf spezifisch wissenschaftlicher Grundlage in allen objektiven und subjektiven Abläufen beobachtet und mit Hilfe der wissenschaftlichen Beobachtung so gefördert wird, daß der bestmögliche technische Prozeß und die bestmögliche Wirksamkeit der lebendigen Arbeitskraft aufeinander abgestimmt den bestmöglichen produktiven Erfolg, die bestmögliche Leistung erbringen.

Technologie und Soziologie, der gleichen grundlegenden Sphäre verbunden, kämpfen beide um ihre Anerkennung als Wissenschaft, als selbständige Wissenschaftszweige, und müssen sie durch ihre wissenschaftlichen Ergebnisse erreichen.

Die Soziologie und die Technologie haben ihre lange Geschichte; ihren Wurzeln begegnen wir schon im Altertum, und ich darf sagen, daß die Althistoriker — zu denen ich gehöre — sich diese Erkenntnisquelle zunutze zu machen beginnen und dadurch viele brauchbare Aufschlüsse über die Beziehungsnetze in einer bestimmten Phase gesellschaftlicher Entwicklung und über die Formen des Produktionsprozesses gewinnen. Beispielsweise hat Xenophon, der als erfolgreicher Söldnerführer bis in unseren Schulunterricht hinein berühmt geworden ist, sich schon Gedanken zu einer Frage gemacht, die wir hier soeben wieder diskutiert haben: Warum werden erfolgreiche Verfahren nicht sofort und allgemein genutzt? Was sind neben objektiven Schwierigkeiten die subjektiven Ursachen dafür?

Xenophon schreibt, daß es nicht notwendig sei, die zu seiner Zeit bekannten landwirtschaftlichen Produktionsmethoden noch einmal darzulegen. Wesentlich sei dagegen das Problem, warum diese bekannten Methoden nicht zielstrebig und allgemein angewendet würden, auch nicht von den Grundbesitzern selbst, die ein Interesse daran hätten haben müssen. Er gibt dann sehr durchdachte Anleitungen für die Behandlung von Sklaven und Söldnern, um diese zu einem Verhalten im Interesse ihres Herrn bzw. ihres Führers zu bringen, erläutert psychologische Methoden und objektive Maßnahmen, die moderner Manipulation schon überraschend ähnlich sehen und die Körperstrafe nur als letztes Auskunftsmittel zulassen wollen. Hier haben wir bei Xenophon die Anfänge eines methodischen Denkens in bezug auf Menschenbehandlung, das sich allerdings in jener Epoche ausschließlich auf das Interesse des privaten Eigentümers gerichtet hat und somit seinem Grundzug nach gegen die Menschlichkeit gerichtet war und das, soweit ich sehe, im Kapitalismus fortgesetzt worden ist. Im Kapitalismus finden wir auch zuerst den Begriff der Soziologie. Das gesellschaftliche Verhalten im Sozialismus entwickelt sich unter anderen Bedingungen. Unsere Soziologen haben somit ebenso wie unsere Technologen ein großes zu erforschendes Neuland vor sich.

Die Soziologie, und das unterscheidet sie von der Technologie, greift natürlich weit über den unmittelbaren Produktionsprozeß hinaus auf das kulturelle und politische Gebiet über. Auch in diesen Richtungen haben wir jetzt in der Geschichte der Antike eine Reihe wichtiger Aufschlüsse zusammengestellt, z. B. zur Analyse der frühen und noch unvollkommenen Formen des Klassenbewußtseins und der Klassenkämpfe, des wechselnden Verhaltens der attischen Bürger in der Volksversammlung, das objektive und subjektive Gründe hatte, über die wechselnden Formen der Eingliederung der Frau in die Gesellschaft, auch z. B. zur Erklärung des Verhaltens des Theaterpublikums und der sozialen Stellung des Schauspielers, die unter verschiedenen historischen Bedingungen, der Blüte und der Krise des Gemeinwesens, ganz verschiedene Erscheinungen erkennen lassen. Eine wissenschaftliche Analyse der Geschichte des Altertums schließt heute die soziologischen Beobachtungen in Produktion, Politik und Kultur mit ein.

Wolfgang Fratzscher

Diskussionsbeitrag

Die Technologie ist nicht nur ein wesentliches Instrument, um die Wissenschaft und ihre Ergebnisse als Produktivkraft in der Volkswirtschaft wirksam werden zulassen, sondern wird im zunehmenden Maße eine Führungsgröße für die Wissenschaft. Sie übernimmt dabei die Rolle der Strategie, die bei dem heutigen Stand der Produktivkräfte und dem Niveau der Wissenschaften die Wechselwirkung zwischen Theorie und Praxis regelt.

Die Kerntechnik und ihre historische Entwicklung liefern viele und signifikante Beispiele für diese These. So hing und hängt die Einstellung zur Kernenergie und ihrer Ausnutzung im Kernkraftwerk im wesentlichen von der Bewältigung der technologischen Probleme ab. Nach der Euphorie Mitte der fünfziger Jahre, die im wesentlichen mit der prinzipiellen Lösbarkeit und der Streichholzschachtelgröße des zur Energieversorgung einer Großstadt erforderlichen Brennstoffes argumentierte, folgte ein ausgeprägtes Tief Anfang der sechziger Jahre, das auf die Erfahrungen der ersten Kernkraftwerke in Obninsk, Calder Hall und Shippingport und den Ölboom zurückzuführen war. Die Erfahrungen der ersten Kernkraftwerke machten deutlich, daß zwischen der prinzipiellen Lösbarkeit und dem Funktionsnachweis und der technischen und wirtschaftlichen Reife ein außerordentlich weiter Weg mit erheblichen finanziellen Aufwendungen lag. Erst etwa 1969/70 war dieses Tief überwunden und lagen soviel Erfahrungen und spezielle wissenschaftliche Ergebnisse vor, daß in Gestalt der Leichtwasserreaktoren ein industrieller Einsatz im Rahmen einer stetigen Entwicklung möglich war.

Auf einige technologische Probleme, die hierbei gelöst werden mußten und die zu entsprechenden wissenschaftlichen Entwicklungen führten, soll kurz hingewiesen werden, um die eingangs aufgestellte These zu illustrieren.

Die Notwendigkeit der wirtschaftlichen Fertigung und des technisch sinnvollen Einsatzes der Brennelemente in Leistungsreaktoren initiierte eine Entwicklung zur wissenschaftlichen Durchdringung des Wärmeübergangs beim Sieden und des Wärmeübergangs bei der Strömung flüssiger Metalle, die zu qualitativ neuen Erkenntnissen gegenüber dem bisherigen Stand der Wissenschaft führten. Auch die Auseinandersetzung mit Wärmeleitproblemen mit inneren Wärmequellen, die für das Brennelement typisch sind, führte zu einer Weiterentwicklung von bisher brachliegenden Potenzen der Potentialtheorie. Mit der durch diese wissenschaftliche Entwicklung bedingten besseren thermischen Auslastung der Brennelemente erwies sich als neue Leistungsgrenze ihr Langzeitverhalten, das sich im sogenannten „Swelling" äußert. Das ist im wesentlichen ein Werkstoffproblem, das auf die Wechselwirkung zwischen Strahlung und Materie zurückzuführen ist. Seine wissenschaftliche Beherrschung setzt entweder entsprechend langjährige Erfahrung oder die Entwicklung von Höchstflußreaktoren voraus, die ihrerseits zu entsprechenden wissenschaftlichen Problemstellungen führt.

Die am Beginn der technischen Entwicklung von Kernkraftwerken vorhandene Unkenntnis über die Wahl des günstigsten Kühlmittels und die strukturelle Gestaltung des Arbeitsmittelkreislaufes stellt ein weiteres Beispiel dar. Die hierzu erforderlichen Untersuchungen führten faktisch zu einer geschlossenen Theorie der Kreisprozesse im Rahmen der Technischen Thermodynamik, die gegenüber der konventionellen Darstellung eine neue Qualität erreicht.

So lassen sich beliebig viele weitere Beispiele aufführen, wie durch die technologische Umsetzung und praktische Realisierung erst jeweils deutlich geworden ist, was im einzelnen „wesentlich" ist für die technische und wirtschaftliche Reife. Ohne die Bedeutung der „Prinziplösung" und der grundsätzlichen naturwissenschaftlichen Zusammenhänge zu mindern, zeigt die Entwicklung der Kerntechnik, das als „wesentlich" sich oftmals andere Problemstellungen erwiesen, zu deren Lösungen entsprechende wissenschaftliche Entwicklungen notwendig waren. Außerdem spielt die zeitliche Entwicklung eine Rolle, die dazu führt, daß nach der Lösung des einen Problems das „Wesentliche" zu einem anderen Problem verschoben wird, das gewöhnlich auch auf einem anderen Fachgebiet liegt, wie das Biespiel der Brennelemente deutlich zeigt. Mit anderen Worten, die für die Weiterentwicklung wesentliche Schwachstelle wird durch jede Lösung eines Problems verschoben.

Es ist hier nicht der Platz, diesen Zusammenhang durch weitere Beispiele zu veranschaulichen. Es sei nur darauf hingewiesen, daß sich solche finden lassen im Rahmen der Bau- und Montagetechnologie von Kernkraftwerken, im Bereich der Zuverlässigkeit und Betriebssicherheit der Gesamtanlage sowie des nuklearen Teils, hinsichtlich der Forderungen des Strahlenschutzes usw. Nur auf eine Entwicklung sei noch eingegangen, da sie augenfällig die aufgestellte These illustriert und für die DDR und unsere Akademie bedeutungsvoll ist. Aus der Notwendigkeit der Untersuchung des Schwingungsverhaltens insbesondere des Primärkreislaufes von Druckwasserreaktoren, also z. B. auch in Lubmin, entwickelte sich unter der wissenschaftlichen Leitung und Mitarbeit des ZfK Rossendorf die „Rauschdiagnostik“ als eine wissenschaftliche Arbeitsrichtung, die nicht nur für den angestrebten Zweck effektiv eingesetzt werden kann, sondern auch in weiteren Bereichen des Kraftwerks- und Chemieanlagenbaus.

Welche Voraussetzungen sind erforderlich, um die Technologie als einen wesentlichen Faktor zur strategischen Entwicklung der Wissenschaft wirksam werden zu lassen und damit die Produktivkraft Wissenschaft volkswirtschaftlich optimal zu nutzen?

1. Es müssen systematische, d. h. „wissenschaftliche“ Untersuchungen für verschiedene technologische Varianten durchgeführt werden, deren Breite und Vielfalt durch den Stand der Produktivkräfte und die Entwicklung der Wissenschaften gegeben ist.
2. Einzelne Varianten sind zielstrebig über Technika-, Versuchs-, Großversuchs- und industrielle Anlagen zu realisieren.
3. Über die Erfahrungen aus dem Betrieb der Anlagen ist eine Adaption der Variantenuntersuchung und entsprechende Abhebungen hinsichtlich der Forderungen an die Grundlagenforschung vorzunehmen.

Die Durchführung der Variantenuntersuchung, ihre Anpassung an die Erfahrungswerte und die Abhebung der Forderungen an die Grundlagenforschung stellen Probleme dar mit einem eigenen Gegenstand, den mathematischen oder ingenieurtechnischen Modellen industrieller Prozesse und Verfahren, zu deren Lösung angepaßte, d. h. auch eigenständige Methoden erforderlich sind. Ansatzpunkte zur Entwicklung der Methoden sind sowohl im Bereich der Grundlagenforschung wie der Projektierung und Entwicklung zu finden. Aus diesen Gründen erwachsen aus diesen Aufgaben auch Probleme mit Grundlagencharakter; die Technologie stellt so nicht nur den Mittler zwischen Wissenschaft und Produktion, zwischen Theorie und Praxis dar, sondern wird selbst zum wissenschaftlichen Gegenstand, zur Wissenschaft.

Manfred Rätzsch

Diskussionsbeitrag

Ausgangspunkt meiner Bemerkungen ist die Feststellung, daß sowohl in der DDR als auch international die Schadenssummen von Störungen und Havarien sowie die Verluste, die durch verzögerte Inbetriebnahme von Neuinvestitionen auftreten, von Jahr zu Jahr zunehmen. Eine Analyse der Störungen zeigt entgegen anderen verbreiteten Annahmen, daß sie größtenteils subjektiv bedingt sind, ihnen also menschliches Versagen oder technische Mängel zugrunde liegen. Bei näherer Untersuchung stellt sich heraus, daß gegenwärtig weder die Überführungsphase noch die Betriebsphasen chemischer Großanlagen technologisch ausreichend durchdrungen sind und die modernen Möglichkeiten der Informationsgewinnung, Automatisierung und Prozeßsteuerung nur ungenügend genutzt werden. Mit anderen Worten: Wir geben den Menschen zwar die Verantwortung für den Aufbau, den Betrieb und die Wartung eines großen Teiles unseres Volksvermögens in die Hand, jedoch nicht alle Mittel, die notwendig und möglich sind.

Eine wichtige Schlußfolgerung, die wir bei dem mit der UdSSR entwickelten Verfahren „Polymir 50" gewonnen haben, lautet deshalb: Es ist sinnvoll, Technologenkollektive zu schaffen, die verschiedene Wissenschaftsdisziplinen vertreten und die für alle Phasen bis zum Betreiben der Anlage und den Aufbau eines leistungsfähigen Informations- und Rechensystems zuständig sind. Ihre Zusammensetzung ändert sich entsprechend der Überführungsphase. Das sichert kurze Überführungszeiten, und dabei auftretende wissenschaftliche Probleme konnten weitgehend gelöst werden. Auf diesem Wege kann man gegenwärtig ohne Verzögerungen zu einem stabilen Betriebsregime gelangen.

Über die Notwendigkeit des Einsatzes von elektronischen Rechenanlagen für den Betrieb von Chemieanlagen sind wir uns in der DDR schon frühzeitig klar geworden. Wenn trotz hoher Aufwendungen in einigen Fällen keine oder nur geringe Ergebnisse erzielt wurden, so liegt das im Herangehen. So war das Rechensystem nicht in den Prozeß integriert, und es wurde als erste und oft einzige Zielstellung die Prozeßsteuerung und Optimierung mittels eines mathematischen Modells gesehen.

Unsere primäre Zielstellung beinhaltete demgegenüber, den für die Bedienung der Anlage verantwortlichen Arbeitern die Informationen und Dokumentationen so verdichtet wie möglich, aber so inhaltsreich wie nötig zu geben und die Prozeßsteuerung nur dort zu verwirklichen, wo die gegenwärtigen Kenntnisse des Prozesses das gestatten.

Als Schlußfolgerung ergibt sich die Notwendigkeit, die von mir dargestellten Probleme der Technologie zu durchforschen, zu verallgemeinern und Lehrveranstaltungen aufzubauen. Diese müssen neben der Darstellung und Begründung der technologischen Prozesse im Zusammenhang mit den Umweltproblemen auch die „Technologie" der Überführung, die technologische Sicherheitsforschung, die Technologie des Betreibens von Chemieanlagen und die Bedeutung des automatisierten Informations- und Steuersystems zum Inhalt haben. Nur wenn es uns gelingt, auf diese Weise eine Generation von Technologen zu qualifizieren, werden wir bewußt der eingangs angeführten Entwicklung entgegenwirken können.

Helmut Kraatz

Diskussionsbeitrag

Herr Schirmer hat in seinen Thesen und im Vortrag formuliert: „Die Wissenschaft trägt über die Technik dazu bei, die Bedürfnisse der sozialistischen Gesellschaft in immer größeren Umfang zu erfüllen."

Individuell gesehen also die Bedürfnisse jedes einzelnen Menschen. Bedürfnis und Wunsch — das wissen wir Ärzte — sind aber nicht immer gleichzusetzen mit Verträglichkeit.

Wir beobachten gerade bei neu entwickelten chemischen Substanzen toxische Schäden, die bei vorheriger Testung hätten vermieden werden können. Die Vertreter der Arbeitsmedizin haben immer wieder darauf aufmerksam gemacht.

Aber auch ohne grobe, akute, schnell erfaßbare Schäden müssen wir uns vor Augen halten, daß Änderungen der Lebensweise zu vorher nicht übersehbaren Änderungen der Körperfunktionen führen können. Die durch die Automation bedingte Verlagerung reiner Muskelarbeit auf vorwiegend nervale und zerebrale Funktionen kann z. B. zum Gestaltenwandel von Erkrankungen führen. Die Reaktionsweise des Organismus ist nicht immer im voraus bestimmbar.

Die Verbesserung der Lebensbedingungen, die erfolgreiche Bekämpfung früher gefürchteter Krankheiten führen zur Verlängerung des Lebens, damit auch zum Auftreten ganz neuer altersabhängiger Krankheitsformen usf. Im Rückkoppelungsprozeß müssen wir uns jedenfalls auf ein außerordentliches labiles System — nicht immer überschaubarer Reaktionen — gefaßt machen.

Darauf wollte ich aufmerksam machen und bitten, daß bei der Entwicklung neuer chemischer Technologien rechtzeitig, d. h. prophylaktisch der ärztliche Rat gehört wird. Es gibt dafür genügend speziell vorgebildete Ärzte. Und wenn sie auch nicht so vermessen sind, glauben zu wollen, jeden späteren Schaden verhüten zu können, so rechtfertigt allein der Gedanke, alles versucht zu haben, um ihn zu vermeiden, die Erfüllung der vorgetragenen Bitte.

FSC
www.fsc.org
MIX
Papier | Fördert gute Waldnutzung
FSC® C083411

Zeitfracht Medien GmbH
Ferdinand-Jühlke-Straße 7
99095 Erfurt, Deutschland
produktsicherheit@kolibri360.de